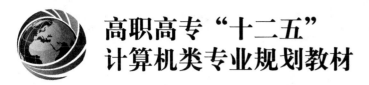

高职高专"十二五"
计算机类专业规划教材

C语言程序设计案例教程

主　编　童夏敏　张万臣

副主编　杨万成　王　冬

编　写　王　磊　贾民政　梁　宇

主　审　郭景峰

中国电力出版社
CHINA ELECTRIC POWER PRESS

内 容 提 要

本书为高职高专"十二五"计算机类专业规划教材。全书充分结合高职高专学生特点，以程序设计为主线，采用案例驱动模式，通过案例和问题引入主要教学内容，重点讲解程序设计的思想和方法。主要内容包括 C 语言概述与数据类型、三种基本结构的程序设计方法、数组、函数、指针、结构体与共用体、文件等。

本书可作为高等职业技术学院、高等专科学校、成人高校及本科院校中的二级职业技术学院计算机及相关专业的教材，也可作为对 C 语言程序设计感兴趣的读者的自学用书。

图书在版编目（CIP）数据

C 语言程序设计案例教程 / 童夏敏，张万臣主编. —北京：中国电力出版社，2014.7（2020.1重印）
高职高专"十二五"计算机类专业规划教材
ISBN 978-7-5123-5730-3

Ⅰ. ①C⋯　Ⅱ. ①童⋯　②张⋯　Ⅲ. ①C 语言－程序设计－高等职业教育－教材　Ⅳ. ①TP312

中国版本图书馆 CIP 数据核字（2014）第 060077 号

中国电力出版社出版、发行
（北京市东城区北京站西街 19 号　100005　http://www.cepp.sgcc.com.cn）
三河市航远印刷有限公司印刷
各地新华书店经售

*

2014 年 7 月第一版　2020 年 1 月北京第三次印刷
787 毫米×1092 毫米　16 开本　15 印张　358 千字
定价 **30.00** 元

丛书编委会成员

丛书编写院校名单

北京农业职业学院

北京印刷学院

北京信息职业技术学院

北京工业职业技术学院

北京电子科技职业学院

北京农业职业学院

江苏食品药品职业技术学院

江苏经贸职业技术学院

江苏农牧科技职业学院

常州机电职业技术学院

泰州师范高等专科学校

扬州市职业大学

徐州工程学院

南通市广播电视大学

南通职业大学

苏州市职业大学

义乌工商职业技术学院

浙江警官职业学院

南昌师范学院

萍乡高等专科学校

重庆文理学院

四川职业技术学院

四川工商职业技术学院

四川交通职业技术学院

成都职业技术学院

内江师范学院

攀枝花学院

武汉软件工程职业学院

山东服装职业学院

山东信息职业技术学院

山东大王职业学院

淄博职业学院

辽宁建筑职业学院

辽宁理工职业学院

营口职业技术学院

大连海洋大学职业技术学院

许昌学院

郑州升达经贸管理学院

郑州铁路职业技术学院

河南化工职业学院

黄河科技学院

河北建材职业技术学院

河北软件职业技术学院

廊坊职业技术学院

黄山学院

太原师范学院

肇庆工商职业技术学院

广东工程职业技术学院

佛山职业技术学院

广西经贸职业技术学院

新疆工程学院

珠海城市职业技术学院

前　言

  C 语言是一种应用十分广泛的计算机语言，其功能丰富、表达能力强、使用灵活方便、应用面广、目标程序效率高、可移植性好，既具有高级语言的优势，又具有低级语言的许多特点，特别适合编写系统软件，已经成为计算机类本科生、高职高专学生及中专生的必修课。

  本书内容丰富、结构清晰、图文并茂，易于教师进行教学与学生自学。全书采用案例驱动方式进行讲解，以程序案例为主导，将知识点融入实例，以案例带动知识点的学习。在按案例进行讲解时充分注意保证知识的相对完整性和系统性，使读者通过学习实例掌握 C 语言的程序设计方法和技巧。

  全书共分 11 章，主要介绍了程序逻辑与程序设计语言、C 语言程序设计的基本概念、数据类型和运算符应用、三种基本结构的程序设计方法、数组、函数、指针、结构体与共用体、编译预处理和文件等。在每章之后提供的习题和实训内容，突出了实用性，强调理论与实践相结合，有助于培养学生解决实际问题的能力。

  本书由长期从事"C 语言程序设计"课程教学的多位老师合作完成。由河北建材职业技术学院的童夏敏、张万臣主编，河北建材职业技术学院的杨万成、塔里木大学的王冬副主编，沧州职业技术学院的王磊、北京工业职业技术学院的贾民政、河南化工职业学院的梁宇编写。全书各章节的编写分工如下：第 2 章、第 4 章、第 5 章由童夏敏编写，第 1 章、第 8 章、第 9 章由张万臣编写，第 6 章、第 7 章、第 11 章由杨万成编写，第 3 章由王冬和王磊编写，第 10 章和附录由贾民政和梁宇编写。全书由童夏敏和张万臣统稿和定稿，由燕山大学郭景峰主审。

  限于编者水平，书中不妥与疏漏之处在所难免，恳请专家和读者批评指正，可发邮件至 wangtong1971@126.com。

编　者

2014 年 1 月

目　录

第 1 章 程序与 C 语言简介

计算机是现代社会中的常用工具。无论是生活，还是工作，人们都离不开计算机。计算机如此重要，是因为计算机的功能十分强大，可以帮助人们做许多工作。那么，为什么计算机功能如此强大呢？原因有两方面：一方面是计算机硬件工作的速度越来越快，存储器容量也越来越大；另一方面是计算机的程序种类越来越多，程序的功能越来越强大。所以为了使计算机更好地为人类服务，需要为它编写各类不同的程序。编写程序时，要认真考虑清楚程序的数据结构和算法，并且还要用一种程序设计语言将程序表示出来。

本章的主要内容包括：
- 程序与程序设计
- 计算机语言
- C 语言简介
- C 语言开发环境与程序开发过程

1.1 程序与程序设计

1.1.1 程序

程序（Program）是为实现特定目标或解决特定问题而用计算机语言编写的命令序列的集合，是为实现预期目的而进行操作的一系列语句和指令。一般分为系统程序和应用程序两大类。那么，如何编写程序呢？著名计算机科学家沃思（Nikiklaus Wirth）给出了答案，他提出了一个公式：程序=数据结构+算法。即一个程序主要包括两个方面的内容。

（1）对数据的描述。在程序中要指定数据的类型和数据的组织形式，即数据结构（Data Structure）。

（2）对操作的描述。即操作步骤，也就是算法（Algorithm）。

实际上，一个程序除了以上两个要素外，还应当采用程序设计方法进行设计，并且用一种计算机语言来表示。因此，算法、数据结构、程序设计方法和语言工具四个方面是程序编写人员所应具备的知识。

1.1.2 算法

算法对于程序是十分重要的，可以说是程序的灵魂。本部分将专门介绍算法的基本知识，为后面的学习建立一定的基础。

1. 算法的概念

算法是指解题步骤的准确而完整的描述，是解决问题的一系列清晰指令。算法代表着用系统的方法描述解决问题的策略机制。也就是说，能够对一定规范的输入，在有限时间内获得所要求的输出。如果一个算法有缺陷，或不适合于某个问题，执行这个算法将不会解决这个问题。不同的算法可能用不同的时间、空间或效率来完成同样的任务。一个算法的优劣可以用空间复杂度与时间复杂度来衡量。

2．算法的特征

算法有以下 5 个特征。

（1）有穷性（Finiteness）。算法的有穷性是指算法必须能在执行有限个步骤之后终止。

（2）确切性（Definiteness）。算法的每一步骤必须有确切的定义。

（3）输入项（Input）。一个算法有 0 个或多个输入，以刻画运算对象的初始情况。所谓 0 个输入是指算法本身定出了初始条件。

（4）输出项（Output）。一个算法有一个或多个输出，以反映对输入数据加工后的结果。没有输出的算法是毫无意义的。

（5）可行性（Effectiveness）。算法中执行的任何计算步骤都是可以被分解为基本的可执行的操作步，即每个计算步都可以在有限时间内完成（也称之为有效性）。

3．算法的描述方法

1966 年，波姆（Bohm）和贾可皮尼（Jacopini）证明了任何单入口单出口没有死循环的程序都可以由三种基本的控制结构构造出来。这三种基本结构就是顺序结构、选择结构和循环结构。它们作为表示一个良好算法的基本单元。

顺序结构是按照一定的顺序，依次执行并完成指定的功能。顺序结构的特点是程序从入口开始，自上而下按顺序执行所有操作，直到出口为止。

选择结构表示程序的处理步骤出现了分支，它需要根据某一特定的条件选择其中的一个分支执行。选择结构有单选择、双选择和多选择三种形式。单选择结构是指程序中有一个分支可以根据条件选择执行或者不执行；双选择结构是指程序中有两个分支一个条件选择，执行时只能根据条件选择一个且必须选择一个分支执行；多选择结构是指程序中有多个条件，每个条件下都有一个分支，执行时按顺序判断条件，如果某个条件满足就执行该条件下的分支执行。这三种结构不管选择哪个分支执行，最后流程都一定到达结构的出口处。

循环结构表示程序反复执行某个或某些操作，直到循环条件不成立时才可终止循环。循环结构的基本形式有两种：当型循环和直到型循环。

这三种基本结构作为表示一个良好算法的基本单元，任何一个算法的结构都是由这三种基本结构按一定顺序排列起来的。

算法的描述方法很多，常用的有自然语言、流程图、N-S 图、伪代码、计算机语言等。

（1）用自然语言表示算法。自然语言就是人们日常使用的语言，可以是汉语、英语或其他语言。下面通过实例来说明用自然语言来描述算法的方法。

【例 1-1】 已知 a 的值是 4，b 的值是 14，将 a、b 的值互换，互换后 a 的值为 14、b 的值为 4，然后输出交换后 a、b 的值。

算法分析：由于 a、b 两个变量的值不能直接交换，直接交换将使得 a、b 的值相等，所以解决该问题的方法是引入第三个变量，作为交换的中间临时变量。设第三个变量为 c，其交换步骤可以用自然语言描述如下。

步骤 1：把 4 赋给变量 a。

步骤 2：把 14 赋给变量 b。

步骤 3：将变量 a 的值赋给变量 c。

步骤 4：将变量 b 的值赋给变量 a。

步骤 5：将变量 c 的值赋给变量 b。

步骤 6：输出变量 a 和变量 b 的值。

步骤 7：算法结束。

【例 1-2】 输出 a、b 两个不同数中的较大数。

算法分析：这是一个比较经典的选择结构实例。对输入的两个数进行判断，将其中的较大数输出。用自然语言描述算法如下。

步骤 1：输入 a 和 b 的值。

步骤 2：判断 a 和 b 的大小，如果 a 大于 b，执行第 3 步，否则执行第 4 步。

步骤 3：输出 a 的值。

步骤 4：输出 b 的值。

步骤 5：算法结束。

【例 1-3】 求 $1+2+3+\cdots+100$。

算法分析：这是一个求和算法。如果一步一步求和，需要写 99 个步骤，显然是不可取的，应当找一种通用的表示方法。这里设 p 为被加数，q 为加数，并将每一步的和放到 p 中。用自然语言描述算法如下。

步骤 1：使 $p=1$。

步骤 2：使 $q=2$。

步骤 3：使 $p+q$，和仍放在 p 中，可表示为 $p+q \rightarrow p$。

步骤 4：使 q 的值加 1，即 $q+1 \rightarrow q$。

步骤 5：如果 q 不大于 100，返回重新执行步骤 3、步骤 4 和步骤 5。否则，算法结束。最后得到 p 的值就是 $1+2+3+\cdots+100$ 的和。

由上述例子看出，［例 1-1］中的操作步骤是自上而下顺序执行的，称之为顺序结构；［例 1-2］中的操作步骤是根据条件判断决定执行哪个操作，这种结构称之为选择结构；［例 1-3］中不仅包含了判断，而且需要重复执行第 3、第 4 步骤，并且一直延续到条件"q 大于 100"为止，这种结构称之为循环结构。

使用自然语言表示的算法通俗易懂，但文字冗长，容易出现歧义，特别是对于包含分支和循环的算法。因此除了很简单的问题，一般不用自然语言描述算法。

（2）用流程图表示算法。以特定的图形符号加上说明表示算法的图，称为流程图或框图。流程图有时也称为输入—输出图。该图直观地描述一个工作过程的具体步骤。流程图使用一些标准符号代表某些类型的动作。美国国家标准化协会 ANSI 规定了一些常用的流程图符号，已为世界各国程序工作者普遍采用。流程图符号如图 1-1 所示。

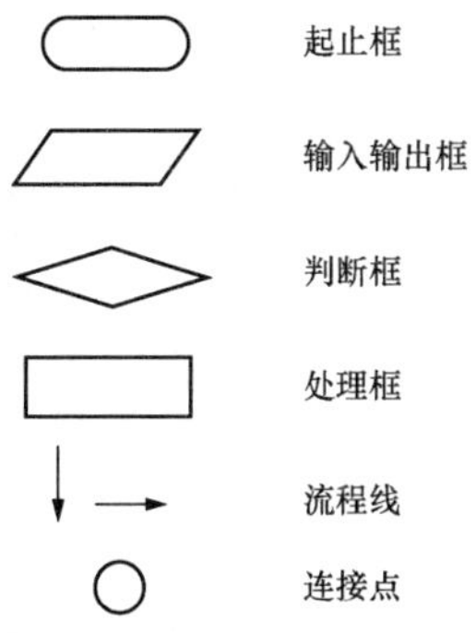

⬭	起止框
▱	输入输出框
◇	判断框
▭	处理框
↓ →	流程线
○	连接点

图 1-1 流程图符号

【例 1-4】 将［例 1-1］的算法用流程图表示。流程图如图 1-2 所示。

【例 1-5】 将［例 1-2］的算法用流程图表示。流程图如图 1-3 所示。

【例 1-6】 将［例 1-3］的算法用流程图表示。流程图如图 1-4 所示。

　　用流程图表示算法直观形象，易于理解，不会产生"歧义性"。流程图便于交流，适于初学者使用。对于一个程序工作者来说，会看、会用流程图是十分必要的。

　　（3）用 N-S 图表示算法。N-S 图也被称为盒图或 CHAPIN 图。它由一些特定意义的图形、流程线及简要的文字说明构成。它能明确地表示程序的运行过程。在使用过程中，人们发现流程线不一定是必需的。为此，人们设计了一种新的流程图。它把整个程序写在一个大框图内，这个大框图由若干个小的基本框图构成，这种流程图简称 N-S 图。

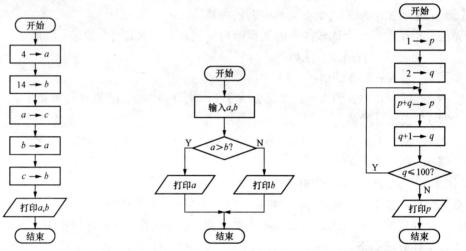

图 1-2　［例 1-1］算法流程图　　　图 1-3　［例 1-2］算法流程图　　　图 1-4　［例 1-3］算法流程图

图 1-5　顺序结构

　　图 1-5 表示顺序结构，它由 A 块和 B 块两个框组成。图 1-6 表示选择结构，当条件为真时执行 A 块，为假时执行 B 块。图 1-7 和图 1-8 表示循环结构，其中图 1-7 表示当型循环结构，图 1-8 表示直到型循环结构。

　　用 N-S 图分别表示［例 1-1］～［例 1-3］的算法，如图 1-9～图 1-11 所示。

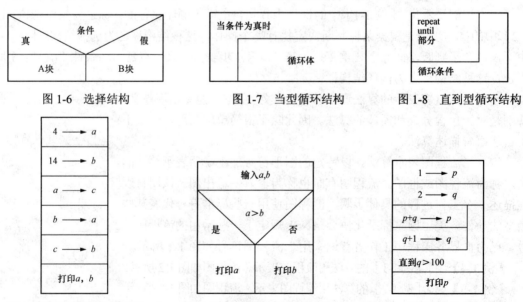

图 1-6　选择结构　　　　　　图 1-7　当型循环结构　　　　图 1-8　直到型循环结构

图 1-9　［例 1-1］算法表示　　　图 1-10　［例 1-2］算法表示　　　图 1-11　［例 1-3］算法表示

（4）用伪代码表示算法。伪代码是用介于自然语言和计算机语言之间的文字和符号来描述算法。用伪代码表示算法时，可以用英文伪代码，也可以用汉字伪代码，还可以中、英文混用。用伪代码写算法并无固定的、严格的语法规则，只要用清晰易读的形式把意思表达清楚即可。

【例 1-7】　输入三个数，打印输出其中最大的数。可用如下的伪代码表示算法。

Begin（算法开始）
输入 A，B，C
IF A>B 则 A→Max
否则 B→Max
IF C>Max 则 C→Max
Print Max
End（算法结束）

使用伪代码的目的是为了使被描述的算法可以容易地以任何一种编程语言实现。因此，伪代码必须结构清晰、代码简单、可读性好，并且类似自然语言，最好介于自然语言与编程语言之间。使用伪代码，不用拘泥于具体算法实现，主要将整个算法运行过程的结构用接近自然语言的形式描述出来。描述时可以使用任何一种熟悉的文字，关键是把程序的意思表达出来。

（5）用计算机语言表示算法。前面介绍的都是描述算法，实际上每一个算法最终都得转换成程序，即用计算机语言实现算法。因为计算机只能识别用计算机语言编写的程序，而无法识别流程图和伪代码。只有这样，通过让计算机执行程序，才能实现算法所要实现的功能。

和前面几种形式不同的是，用计算机语言表示算法必须严格遵守所用语言的语法规则。下面将前面介绍过的算法用 C 语言描述出来。

【例 1-8】　将［例 1-1］（变量 *a*，*b* 的值互置）用 C 语言表示。

```
#include <stdio.h>
void main()
{int a,b,c;                   /*定义 a,b,c 为整型变量*/
a=4;                          /*给 a 赋以整数 4*/
b=14;                         /*给 b 赋以整数 14*/
c=a;                          /*把 a 的值赋给 c*/
a=b;
b=c;
printf("a=%d,b=%d\n",a,b);    /*输出变量 a,b 的值*/
}
```

【例 1-9】　将［例 1-2］（输出 *a*，*b* 两个不同数中的大数）用 C 语言表示。

```
#include <stdio.h>
void main()
{
int a,b,c;
scanf("%d%d",&a,&b);
if(a>b)printf("%d\n",a);
else printf("%d\n",b);
}
```

【例 1-10】 将［例 1-3］（求 1+2+3+…+100）用 C 语言表示。

```c
#include <stdio.h>
void main()
{int p,q;
   p=1;q=2;
   while(q<=100)
   {p=p+q;q=q+1;}
   printf("1+2+3+…+100=%d\n",p);
}
```

这里只要求读者能大体看懂程序的流程即可，有关 C 语言的使用规则将在后面的章节详细介绍。

总之，学习程序设计的关键是掌握程序设计的算法。掌握了算法就是掌握了程序设计的灵魂。掌握算法后，再学习一些有关的计算机语言知识，就能顺利地编写程序了。

1.2　计 算 机 语 言

计算机语言是指计算机能够接收和处理的具有一定格式的语言，是进行程序设计时最重要的工具之一。计算机语言经历几个发展阶段，下面介绍计算机语言的发展历史。

1.　机器语言

机器语言是第一代计算机语言，它是用二进制代码 0 和 1 表示的计算机能直接识别和执行的一种机器指令的集合。它是计算机的设计者通过计算机的硬件结构赋予计算机的操作功能。机器语言具有灵活、直接执行和速度快等特点。

用机器语言编写的程序称为机器语言程序，是计算机唯一能直接识别并执行的语言。用机器语言编写程序，编程人员要首先熟记所用计算机的全部指令代码和代码的涵义。编程序时，程序员得自己处理每条指令和每一数据的存储分配和输入/输出，还得记住编程过程中每步所使用的工作单元处在何种状态。这是一件十分烦琐的工作，编写程序花费的时间往往是实际运行时间的几十倍或几百倍。而且，编出的程序全是 0 和 1 的指令代码，直观性差，还容易出错。现在，除了计算机生产厂家的专业人员外，绝大多数的程序员已经不再去学习机器语言了。

2.　汇编语言

汇编语言是第二代计算机语言，它是一种借用助记符表示的程序设计语言，它每条指令都对应着一条机器语言代码。在汇编语言中，用助记符代替机器指令的操作码，用地址符号或标号代替指令或操作数的地址，如此就增强了程序的可读性。使用汇编语言编写的程序，机器不能直接识别，必须由"汇编程序"翻译成机器语言程序，才能够在计算机上运行。这种"汇编程序"称为汇编语言的翻译程序。汇编语言适用于编写直接控制机器操作的底层程序。

汇编语言与机器联系仍然比较紧密，不容易使用，二者都属于低级语言。低级语言依赖于所在的计算机系统，也称为面向机器的语言。由于不同的计算机系统使用的指令系统可能不同，因此使用低级语言编写的程序移植性较差。

3.　面向过程的结构化语言

面向过程的结构化语言是第三代语言，从第三代语言开始都是高级语言。高级语言编写的程序易读、易修改、移植性好。但使用高级语言编写的程序不能直接在机器上运行，必须经过语言处理程序的转换，才能被计算机识别。按照转换方式的不同，可将高级语言分为解释型和编译型两大类。

所谓解释型转换，是将编写的程序逐句翻译，翻译一句执行一句，即边翻译边执行，其中转换工作是由解释器自动完成的。常见的解释型语言包括 BASIC 语言和 Perl 语言。解释型转换方式的优点是比较灵活，可以动态地调整和修改程序；缺点是效率比较低，不能生成独立的可执行文件，即程序的运行不能脱离其解释器。

编译型语言编写的程序经过翻译等处理后，可以脱离其语言环境而生成一个可以独立执行的文件。例如 C 语言、Pascal 语言等大多数编程语言都属于编译型语言。

面向过程的结构化语言具有以下特点。

（1）采用模块分解与功能抽象的方法，自顶向下，逐步求精。

（2）按功能划分为若干个基本的功能模块，形成一个树状结构。各模块间的关系尽可能简单，功能上相对独立。每一个功能模块内部都是由顺序、选择或循环三种基本结构组成。

面向过程的结构化语言能有效地将一个比较复杂的任务分解成若干个易于控制和处理的子任务。任务的分解有利于程序的设计与维护。C 语言即属于面向过程的结构化语言。

4．面向对象的语言

面向对象的语言是第四代语言。由于面向过程的程序是按照流水线方式执行的，即一个模块执行结束前，不能执行其他模块，也无法动态地改变程序的执行方向。而在实际处理事务时，总期望每发生一件事情就可以进行处理，即程序应该从面向过程改为面向具体的应用功能（即对象）。

20 世纪 80 年代初期，面向对象程序设计语言开始出现。这种语言的目标是实现软件的集成化，把相互联系的数据及对数据的操作封装成通用的功能模块，各功能模块可以相互组合，完成具体的应用。各功能模块还可以重复使用，而用户不必关心其功能是如何实现的。C++、Java 等是典型的面向对象的语言。

5．非过程性语言

非过程性语言是一种新型的语言。它只需程序员具体说明问题的规则并定义一些条件即可。意思就是你只要说做什么，具体怎么做不需描述。语言自身内置了方法把这些规则解释为一些解决问题的步骤，这就把编程的重心转移到描述问题和其规则上。

因此，非过程性语言更适合于思想概念清晰但数学概念复杂的编程工作。例如，数据库查询 SQL 语言和逻辑式语言 Prolog 就是非过程性语言的代表。SQL 只需程序员和用户对数据库中数据元素之间的关系和欲读取信息的类型予以描述，逻辑式语言的语义基础是基于一组已知规则的形式逻辑系统，被广泛应用于各种专家系统的实现。

6．管理解析语言

管理解析语言基于高层次的业务需求，涵盖企业管理软件开发的特定概念和抽象，由低层次的实现细节和具体事物抽象而来，据有字典、单据、报表、工作流、审批流等管理业务描述的快速实现，以最小的、不可拆分的业务规则作为管理解析语言的基本粒度，按照管理逻辑进行组合，形成特定管理业务的标准实现。

YiGo 语言是第一个实现管理解析思想的计算机语言，拥有软件开发的原子逻辑及很多管理业务的分子操作及其界面元素，实现了对硬件、操作系统、数据库的透明操作。

管理解析语言是一种高科技语言，现在引用的领域不多。

1.3 C 语 言 简 介

1.3.1 C 语言的产生和发展

C 语言是 1972 年由美国的丹尼斯·里奇（Dennis Ritchie）设计发明的，并首次在 UNIX 操作系统的 DEC PDP-11 计算机上使用。它由早期的编程语言 BCPL（Basic Combined Programming Language）发展演变而来。在 1970 年，AT&T 贝尔实验室的肯·汤普森（Ken Thompson）根据 BCPL 语言设计出较先进的并取名为 B 的语言，最后导致了 C 语言的问世。而 B 语言之前还有 A 语言，取名自欧洲国家女性的常用名艾达（Ada）。

C 语言是一种计算机程序设计语言，它既具有高级语言的特点，又具有汇编语言的特点。1978 年后，C 语言已先后被移植到大、中、小及微型机上。它可以作为工作系统设计语言，编写系统应用程序，也可以作为应用程序设计语言，编写不依赖计算机硬件的应用程序。它的应用范围广泛，具备很强的数据处理能力，不仅在软件开发上，而且各类科研都需要用到 C 语言。

随着 C 语言的发展，它出现了许多版本。由于没有统一的标准，这些 C 语言之间出现了一些不一致的地方。为了改变这一状况，美国国家标准协会（ANSI）根据 C 语言问世以来的各种版本，对 C 语言进行了改进和扩充，制定了 ANSI C 标准，成为现行的 C 语言标准。目前，在计算机上广泛使用的 C 语言编译系统有 Borland C++、Turbo C、Microsoft Visual C++（简称 VC++）等。其中比较常用的是 Turbo C 和 VC++。

1.3.2 C 语言的特点

C 语言作为第三代面向过程的结构化语言的代表，具有许多优点，主要有以下几点。

（1）C 语言简洁、紧凑。C 语言简洁、紧凑，而且程序书写形式自由，使用方便、灵活。C 语言一共有 32 个关键字，9 种控制语句，程序书写自由。

（2）C 语言是高、低级兼容语言。C 语言又称为中级语言，它介于高级语言和低级语言（汇编语言）之间，既具有高级语言面向用户、可读性强、容易编程和维护等优点，又具有汇编语言面向硬件和系统并可以直接访问硬件的功能。

（3）C 语言是一种结构化的程序设计语言。结构化语言的显著特点是程序与数据独立，从而使程序更通用。这种结构化方式可使程序层次清晰，便于调试、维护和使用。

（4）C 语言是一种模块化的程序设计语言。所谓模块化，是指将一个大的程序按功能分割成一些模块，使每一个模块都成为功能单一、结构清晰、容易理解的函数，适合大型软件的研制和调试。

（5）C 语言可移植性好。C 语言是面向硬件和操作系统的，但它本身并不依赖于机器硬件系统，从而便于在硬件结构不同的机器间和各种操作系统间实现程序的移植。

（6）C 语言运算功能丰富。C 语言不仅提供了 34 种运算符，还提供了强大的库函数，从而使 C 语言的运算类型极为丰富。

（7）C 语言数据结构丰富。C 语言具有现代化语言的各种数据结构，C 语言的数据类型有整型、实型、字符型、数组类型、指针类型、结构体类型、共用体类型等，能用来实现各种复杂的数据结构运算。

C 语言也有以下一些缺点。

（1）运算符的优先级复杂，不容易记忆。

（2）由于 C 语言的语言限制不太严格，导致 C 语言的安全性较差。

总体上来说，C 语言还是一个不错的语言。随着后面章节的学习，读者会对 C 语言的优、缺点有深入的了解。

1.3.3　简单的 C 语言程序

首先给出几个简单的示例，对 C 语言源程序有一个初步的认识。

【例 1-11】　编写一个 C 语言程序，在屏幕上显示"I am a　English teacher"。

```c
#include <stdio.h>
main()                                      /*主函数*/
{
 printf("I am a English teacher \n");       /*输出信息*/
}
```

程序运行结果：

```
I am a English teacher
```

程序说明：

（1）该程序只由一个主函数构成，程序的第 1 行是文件包含命令行（文件包含内容将在第 10 章介绍），第 2 行 main 为主函数名，函数名后面的一对圆括号"()"内用来添加函数的参数。参数可以有，也可以没有，但圆括号不能省略。

（2）程序中花括号"{}"内的程序行称为函数体，函数体通常由一系列语句组成，每一个语句用分号结束。

（3）程序中的 printf（）是系统提供的标准输出函数，可在程序中直接调用，其功能是把指定的内容显示到屏幕上。双引号内的"\n"表示换行，在信息输出后，光标将定位在屏幕下一行。

（4）"/*"和"*/"之间的文字是注释内容，目的是提高程序的可读性。

【例 1-12】　编写一个 C 语言程序，计算并输出两个整数的和。

```c
#include <stdio.h>
main()
{int a,b,sum;              /*定义三个整型变量,分别存放两个整数和它们的和*/
   a=5;
   b=6;
   sum=a+b;
 printf("sum=%d\n",sum);
}
```

程序运行结果：

```
sum=11
```

程序说明：

该程序的功能是求两个整数之和。函数体中首先定义了三个整型变量 a、b、sum。其中，int 表示整数类型；a、b、sum 为三个变量的名称，然后分别给变量 a、b 赋值，并将 a、b 之和赋给 sum；最后用 printf（）输出两个整数之和 sum。

通过以上两个示例的分析，可以看出 C 语言源程序的基本结构有以下几个特点。

（1）C 语言程序是由函数组成的，每个函数完成相对独立的功能。函数是 C 语言程序的基本模块单元，函数可以是用户自定义的函数，也可以是系统提供的标准函数（如 printf 函数、math 函数等）。在 C 语言程序的多个函数中必须有一个且只能有一个主函数 main（）。

（2）在 C 语言程序中，main 函数可以放在程序最前，也可以放在程序最后。不论 main 函数在整个程序中的位置如何，C 语言程序总是从 main 函数开始执行。

（3）函数由函数首部和函数体两部分组成。函数的第一行是函数首部，包含函数类型、函数名、函数参数等。函数体是由一对花括号"{}"括起来的语句集合，函数体中一般包含变量声明和执行语句。

（4）C 语言源程序一般用小写字母书写，只有符号常量或其他特殊用途的符号才使用大写字母。C 语言区分大小写字母，大小写字母的含义不同。

（5）C 语言程序的书写格式自由，允许一行内写多条语句，也允许一条语句写在多行，但所有语句都必须以分号结束。如果某条语句很长，一般需要将其分成多行书写。

（6）C 语言程序中的每一个变量声明和语句都必须以分号结束，分号是 C 语言语句的必要组成部分。

（7）C 语言中"/*"和"*/"之间的内容为程序注释语句，主要是对 C 语言中的部分语句功能作说明，以增强程序的可读性。VC++中还可以用"//"给程序加注释，两者的区别在于"/*…*/"可以对多行进行注释，而"//"只能对单行进行注释。源程序编译时，不对注释作任何处理。注释通常放在一段程序的开始，用以说明该段程序的功能；或者放在某个语句的后面，对该语句进行说明。在使用"/*…*/"加注释时，需要注意"/*"和"*/"必须成对使用，且"/"和"*"及"*"和"/"之间不能有空格，否则程序会出错。

（8）C 语言本身没有输入输出语句，输入和输出的操作是由库函数 scanf 和 printf 等函数来完成的。

（9）#include 是编译预处理语句中的文件包含语句，双引号或尖括号中所写的文件是 C 语言的系统文件，目的是指出 C 语言程序中的系统函数所在的原始文件。系统函数不同，函数所在的原始文件也可能不同，所以只要 C 语言程序中使用了某个系统函数，就必须将该系统函数所在系统文件名用#include 语句写好放在 C 语言程序的开始处。

注 意

#include 语句后不需要加分号，一个 C 语言程序可能会有多个系统函数，并且这些系统函数所在系统文件也不相同。这时就需要写多个#include 语句，将程序所用的系统函数所在的系统文件名都列在程序的开始处，并且每个语句要占一行。

1.4　C 语言开发环境与程序开发过程

用 C 语言编写的程序称为"C 语言程序"。由于计算机只能识别和执行 0 和 1 组成的二进制指令，不能识别和执行 C 语言编写的程序。所以为了让计算机能够执行由高级语言编写的源程序，必须先用一种称为"编译程序"的软件，把源程序转换成二进制形式的"目标程序"，然后再让计算机执行。

对 C 语言程序进行编译的系统比较多，大多数 C 编译系统都是集成环境，即把 C 语言程序的编写、编译和运行等操作全部集成在一个界面中进行。常用的有 Borland C++、Turbo C、Microsoft Visual C++。本书将介绍两个 C 程序集成环境——Turbo C 和 Microsoft Visual C++ 6.0，读者可以根据情况选择使用。

1.4.1　C 语言程序开发过程

正如上文所介绍，开发 C 语言程序需要一个过程，除了编写 C 语言程序外，还需要将 C 语言程序转换成计算机能够直接执行的由二进制指令组成的程序，这就需要一个转换过程。具体来说，C 语言程序的开发过程包括编辑、编译、连接和执行四个步骤，每个步骤具体功能如下。

（1）编辑：程序员使用编辑软件，如写字板、记事本或集成化的程序设计软件等编写 C 语言程序，编写后的 C 语言程序称为 C 源程序，文件扩展名为.c。

（2）编译：C 源程序必须经由编译器转换成机器代码，生成扩展名为.obj 的目标文件。在编译过程中，如果程序存在错误，则返回编辑状态进行修改。

（3）连接：C 语言是模块化的程序设计语言，一个 C 语言应用程序可能由多个程序设计者分工合作完成，需要将所用到的库函数及其他目标程序连接为一个整体，生成扩展名为.exe 的可执行文件。

（4）运行：运行可执行文件后，可获得程序运行结果。如果运行后没有达到预期目的，则需进一步修改源程序，重复上述过程，直到达到设计要求。

1.4.2　Microsoft Visual C++ 6.0 集成开发环境

Microsoft Visual C++ 6.0 就是一个功能齐全的集成开发环境，虽然它常常用来编写 C++ 源程序，但它同时兼容 C 语言程序的开发。

下面说明使用 Visual C++ 6.0 集成开发环境运行一个 C 语言程序的操作过程。

1. 启动 Visual C++ 6.0 环境

进入 Visual C++ 6.0 环境的方法有多种，最常用的方法是：选择 Windows 操作系统的"开始"→"程序"→Microsoft Visual Studio 6.0→Microsoft Visual C++6.0 命令，进入 Visual C++ 6.0 环境。

Visual C++ 6.0 启动后，主窗口界面如图 1-12 所示。

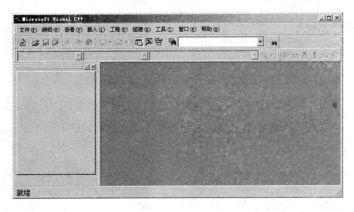

图 1-12　Visual C++ 6.0 主窗口界面

  Visual C++ 6.0 主窗口和一般的 Windows 窗口并无太大的区别，由标题栏、菜单栏、工具栏、工作区、程序编辑区、调试信息显示区和状态栏组成。在没有编辑源程序的情况下，工作区无信息显示，程序编辑区为深灰色。

  2. 编辑源程序文件

  （1）建立新工程。

  1）在如图 1-12 所示的主窗口中，选择"文件"→"新建"命令，打开如图 1-13 所示的"新建"对话框。

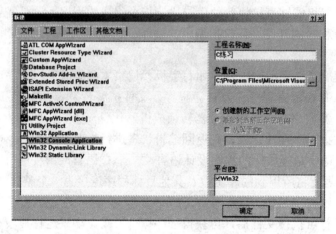

图 1-13 "新建"对话框

  2）在如图 1-13 所示的"工程"选项卡左侧的工程类型中选择 Win32 Console Application 选项，在"工程名称"文本框中输入工程名称，如 C 练习；在"位置"文本框中输入或选择工程所存放的位置，单击"确定"按钮，弹出如图 1-14 所示的对话框。

  3）在如图 1-14 所示对话框中，选中"一个空工程"单选按钮，单击"完成"按钮。系统弹出如图 1-15 所示的"新建工程信息"对话框，单击"确定"按钮，即完成了一个工程的框架。创建工程完成后的主窗口如图 1-16 所示。在窗口的左半部分，有两个"Tab"页——"ClassView"和"FileView"。"ClassView"页面用于显示当前工程中所声明的类、全局变量等；"FileView"页面显示了当前工程中的所有文件。对于编写 C 语言程序来说，只需要"FileView"这个页面就行了。

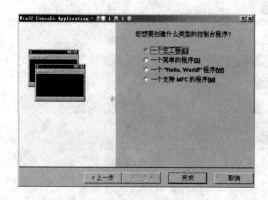

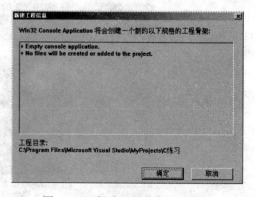

图 1-14 选择工程类型   图 1-15 "新建工程信息"对话框

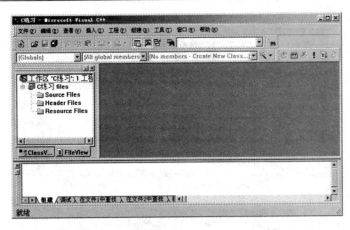

图 1-16　创建工程完成后的主窗口界面

（2）建立新工程中的文件（也可以不建立工程，直接用此步骤以单文件的方式建立源程序文件）。

1）在如图 1-16 所示的主窗口中，选择"文件"→"新建"命令，弹出如图 1-17 所示的对话框。

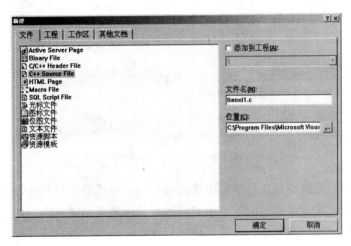

图 1-17　选择新建的源程序文件类型

2）在"文件"选项卡左侧的文件类型中选择"C++ Source File"选项，在"文件名"文本框中输入文件名，如 lianxi1.c（注意，由于编写的是标准 C 语言程序，应加上文件的扩展名.c，否则系统会自动取默认的扩展名.cpp），单击"确定"按钮，则创建了一个源程序文件，并返回到如图 1-18 所示的 Visual C++ 6.0 主窗口。在"FileView"页面中，可以看到新创建的 C 语言程序文件。

3）在主窗口程序编辑区输入［例 1-11］中的源程序，编写输出显示"I am a English teacher"。

3. 编译

方法一：选择主窗口菜单栏中的"组建"→"编译［lianxi1.c］"命令，进行编译。

方法二：单击主窗口编译工具栏上的按钮进行编译。

编译成功后会在"组建"窗口显示出"0 error（s），0 warning（s）"信息，如图 1-19 所示。

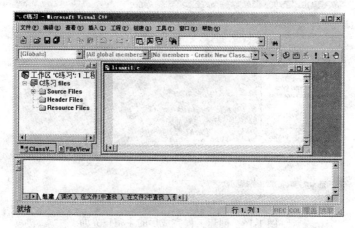

图 1-18　新建的 C 语言程序文件

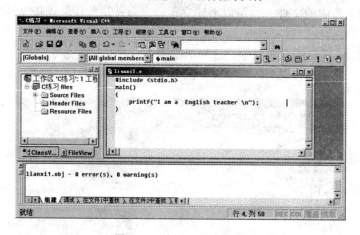

图 1-19　编译 C 语言程序

在编译过程中，系统如发现程序有语法错误，则在调试信息显示区显示错误信息，并给出错误性质、出错位置和错误原因等。用户可通过双击某条错误来确定该错误在源程序中的具体位置，并根据出错性质和原因对错误进行修改。修改后再重新进行编译，直到没有错误信息为止。

编译出错信息有两类：一是 error，说明程序肯定有错，必须修改；二是 warning，表明程序可能存在潜在的错误，只是编译系统无法确定，希望用户检查。对于第二类出错信息，如果用户置之不理，也可生成目标文件，但存在运行风险。因此，建议把 warning 当成 error 来严格处理。

4. 连接

编译无错误后，可进行连接，生成可执行文件。

方法一：选择主窗口菜单栏中的"组建"→"组建［C 练习.exe］"命令，进行连接。

方法二：单击主窗口编译工具栏上的按钮 进行连接。

编译连接成功后，即在当前工程文件夹下生成可执行文件 C 练习.exe，如图 1-20 所示。

5. 运行

方法一：选择主窗口菜单栏中的"组建"→"执行［C 练习.exe］"命令，执行编译连接后的程序。

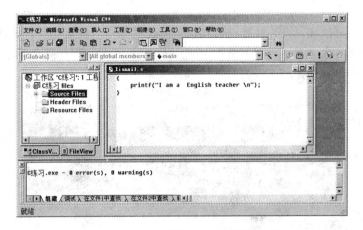

图 1-20　连接 C 语言程序

方法二：单击主窗口编译工具栏上的按钮 **!**，执行编译连接后的程序。

若程序运行成功，屏幕上将输出运行结果，并给出提示信息 Press any key to continue，表示程序运行后，可按任意键返回 Visual C++ 主窗口。运行结果窗口如图 1-21 所示。

若程序运行时出现错误，用户需要返回编辑状态修改源程序，并重新编译、连接和运行。

图 1-21　运行结果窗口

1.4.3　Turbo C++ 开发环境

Turbo C++ 是比较经典的 C 语言程序运行软件，当前使用比较多的是 3.0 版本。Turbo C++ V 3.0，简称 TC V 3.0，是一个集编辑、编译、连接、调试和运行于一体，通过菜单驱动的集成开发环境。C 语言程序员可在该环境下完成从编辑到运行的所有工作。

1. TC V 3.0 界面和菜单操作

TC V 3.0 的界面如图 1-22 所示。集成环境上部是主菜单栏，包括 8 个菜单项，即 File、Edit、Search、Run、Compile、Debug、Project、Options、Windows 和 Help。其主要功能分别是文件操作、编辑、查找、运行、编译、调试、项目文件、选项、窗口和帮助。

如图 1-22 所示界面的下部包括 7 个功能键，它们的含义介绍如下。

（1）F1：帮助。可用于查找集成环境的使用方法及库函数的原型说明。

（2）F2：保存。用于保存当前正在编辑的 C 语言程序。

（3）F3：打开。用于打开另一个 C 语言文件。

（4）Alt+F9：编译。用于对当前编写的 C 语言程序进行编译，给出编译结果。

（5）F9：连接。用于对当前编写的 C 语言程序进行连接，并给出连接结果。

（6）F10：菜单。使用光标落到菜单栏上某个菜单项上，结合使用方向键和"回车"键可以选择相应的菜单项和子菜单项，并执行所选择的子菜单项。

> **注意**
>
> TC V 3.0 支持鼠标，操作时可以直接用鼠标。也可以用键盘操作，操作时按 Alt 键+菜单项的第一个英文字母，可以打开对应的菜单项，然后使用 ↑ 和 ↓ 方向键和"回车"键可以在菜单项中移动光标，并选择相应的子菜单项。

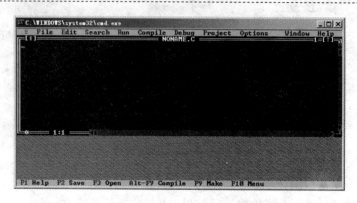

图 1-22　TC V3.0 集成环境

在使用 TC V 3.0 开发 C 语言程序时主要使用 File、Compile 和 Run 三个菜单项，下面介绍一下这三个菜单项的使用，其他菜单不再介绍。

（1）File 菜单。File 菜单如图 1-23 所示，菜单中主要子菜单项功能介绍如下。

图 1-23　File 菜单项

New：新建。用于新建一个 C 语言文件。文件名为 NONAME 加数字序号。文件保存到程序默认路径对应的目录中。

Open…：打开。用于打开一个已经存在的 C 语言文件。打开时需要选择要打开文件的目录和文件名。

Save：保存。用于保存当前正在编辑的 C 语言程序文件，快捷键是 F2 键。

Save as…：另存为。用于将当前正在编辑的 C 语言程序文件以另外一个文件名保存。保存时可以选择保存路径，指定新文件名。

Save all：保存全部。用于保存当前打开的所有文件。

Quit：退出。退出 TC V 3.0，回到 Windows 窗口，快捷键是 Alt+X 键。

（2）Compile 菜单。Compile 菜单如图 1-24 所示。菜单中主要子菜单项功能介绍如下。

Compile：编译。用于对当前编辑的 C 语言程序进行编译，给出编译结果。

Make：连接。对当前编辑的 C 语言程序进行连接，生成可执行文件。

Link：功能与 Make 相同。

Build all：重建所有。用于对当前编辑的 C 语言程序进行编译和连接两个过程，生成可执行文件。

（3）Run 菜单。Run 菜单如图 1-25 所示，菜单中主要子菜单项功能介绍如下。

Run：运行。执行连接后生成的可执行文件。

Trace into：单步执行。每选择一次，只执行程序中的一条语句，快捷键是 F7 键。主要用于程序调试。

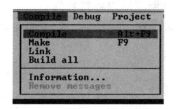
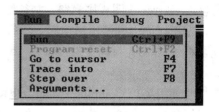

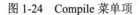图 1-24 Compile 菜单项   图 1-25 Run 菜单项

Step over：大步执行。与 Trace over 作用相似，每选择一次，只执行执行程序中的一条语句，快捷键是 F8 键。

F7 键与 F8 键的区别在于，当程序中包含用户自定义函数时，执行主程序时遇到调用自定义函数语句，按 F7 键，程序会自动转到对应的用户自定义函数。这时每按一次 F7 键就执行自定函数中的一条语句。而按 F8 键，则会直接执行该函数调用语句，不会跟踪到用户自定义函数中。用 F7 键调试程序会显示程序中用户定义的子函数的执行过程；而 F8 键只显示主程序的执行过程，不会跟踪到用户自定义子函数中。

2. 编辑

在编辑状态下可以根据需要输入或修改源代码。编辑过程中要及时保存。第一次保存时，使用菜单命令 File→Save as，然后输入要保存的文件路径及文件名，并按 Enter 键确认。源文件的扩展名一般为.c。以后保存时，如果不需要更改文件路径和文件名，直接按 F2 键（或者使用菜单命令 File→Save）即可。如果需要更改文件路径或文件名，则需要使用菜单命令 File→Save as，即"另存为"，指定文件路径或文件名。

3. 编译

编译时可以选择菜单 Compile→Compile，也可直接使用 Alt+F9 键。对程序进行编译时，如果编译成功，则生成目标代码，可进行下一步操作；否则将会显示如图 1-26 所示的编译结果界面。在界面最下面的 Message 窗口中会显示出错误信息。错误信息中包括错误性质、文件名、错误位置和英文描述的错误原因。错误性质有 Error（错误）和 Warning（警告）两种。与 Visual C 编辑环境下相同，Warning 不影响程序的运行，但指出程序存在运行风险，建议

图 1-26 编译结果界面

也进行修改。Error 说明程序有错，必须修改。修改时可以根据错误位置找到错误对应的程序行，并根据错误原因判断出错原因，进行修改。修改源程序后重新编译，直至编译成功。编译成功，将生成*.obj 目标文件。

4．连接

连接时使用菜单 Compile→Make，也可使用 F9 键。连接实际就是将上步生成的目标代码与其他目标代码及库函数进行连接。如果连接成功，会生成*.exe 可执行文件；否则，根据系统提示进行相应修改，再重新连接，直至连接成功。

5．运行

运行时使用菜单 Run→Run，也可直接使用 Ctrl+F9 键。程序的运行过程在用户屏幕中显示。程序执行完后将返回到 TC V 3.0 开发界面，这时，可以使用 Alt+F5 键切换到用户屏幕查看程序运行结果。在用户屏幕界面下可以按任一键返回到开发界面。观察程序的运行结果，如果程序运行结果正确，则可结束本次程序的开发与运行；如果运行结果不符合用户要求，则应重新进行程序的编辑、编译、连接等过程。必要时，还应重新设计算法。

 注 意

　　用户屏幕是指 C 语言程序在 TC V 3.0 开发环境下运行时的屏幕，它既不同于 DOS 窗口，也和 TC V 3.0 开发环境界面不同。使用 Alt+F5 键可以切换到用户屏幕，按任意键可以从用户屏幕返回到 TC V 3.0 开发环境。

1.5　上　机　实　训

1.5.1　实训目的

（1）熟悉 Microsoft Visual C++ 6.0 集成环境；

（2）熟悉 TC V 3.0 的开发环境；

（3）掌握两种开发环境下 C 语言程序的开发过程和程序调试方法。

1.5.2　实训内容

（1）按照以下要求完成基本操作。

1）启动 Microsoft Visual C++ 6.0 集成环境；

2）创建一个新工程，工程名为第 1 章；

3）在新创建的工程中添加 C 程序文件，文件名为 shixun1.c；

4）输入［例 1-12］中的 C 语言源代码；

5）对输入的 C 语言程序进行保存；

6）对 C 语言程序进行编译、连接和运行；

7）切换到运行窗口查看程序运行结果；

8）退出 Microsoft Visual C++ 6.0 集成环境。

（2）按照以下要求完成基本操作。

1）启动 TC V 3.0 集成环境；

2）输入［例 1-12］提供的 C 源程序；

3）对输入的 C 语言程序进行保存；

4）对 C 语言程序进行编译、连接和运行；

5）切换到用户屏幕查看程序运行结果；

6）退出 TC V 3.0 集成环境。

（3）在 TC V 3.0 和 Microsoft Visual C++ 6.0 两种集成环境中模仿 [例 1-12]，编写两个整数相减、相乘和相除的 C 语言程序。

1.6 习　　题

1. 选择题

（1）C 语言是一种（　　）。

　　A. 机器语言　　　　　B. 汇编语言　　　　C. 高级语言　　　　　D. 低级语言

（2）下列各项中，不是 C 语言的特点是（　　）。

　　A. 语言简洁、紧凑，使用方便　　　　　B. 数据类型丰富，可移植性好

　　C. 能实现汇编语言的大部分功能　　　　D. 有较强的网络操作功能

（3）下列叙述正确的是（　　）。

　　A. C 语言源程序可以直接在 DOS 环境中运行

　　B. 编译 C 语言源程序得到的目标程序可以直接在 DOS 环境中运行

　　C. C 语言源程序经过编译、连接得到的可执行程序可以直接在 DOS 环境中运行

　　D. Turbo C 系统不提供编译和连接 C 语言程序的功能

（4）下列叙述错误的是（　　）。

　　A. C 语言程序中的每条语句都用一个分号作为结束符

　　B. C 语言程序中的每条命令都用一个分号作为结束符

　　C. C 语言程序中的变量必须先定义，后使用

　　D. C 语言以小写字母作为基本书写形式，并且 C 语言要区分字母的大小写

（5）一个 C 程序的执行是从（　　）。

　　A. 本程序的 main 函数开始，到 main 函数结束

　　B. 本程序文件的第一个函数开始，到本程序文件的最后一个函数结束

　　C. 本程序文件的第一个函数开始，到本程序 main 函数结束

　　D. 本程序的 main 函数开始，到本程序文件的最后一个函数结束

（6）以下叙述不正确的是（　　）。

　　A. 一个 C 源程序必须包含一个 main 函数

　　B. 一个 C 源程序可由一个或多个函数组成

　　C. C 语言程序的基本组成单位是函数

　　D. 在 C 语言程序中，注释说明只能位于一条语句的后面

（7）C 语言规定：在一个源程序中，main 函数的位置（　　）。

　　A. 必须在程序的开头　　　　　　　　　B. 必须在系统调用的库函数的后面

　　C. 可以在程序的任意位置　　　　　　　D. 必须在程序的最后

（8）一个 C 语言程序是由（　　）。

A．一个主程序和若干个子程序组成　　　　B．函数组成

C．若干过程组成　　　　　　　　　　　　D．若干子程序组成

（9）下列叙述中，不属于良好程序设计风格要求的是（　　　）。

A．程序应简单，可读性好　　　　　　　　B．输入数据前要有输入信息

C．程序中要有必要的注释　　　　　　　　D．程序的效率第一，清晰第二

（10）下列选项中不属于结构化程序设计方法的是（　　　）。

A．模块化　　　　　B．自顶向下　　　　C．逐步求精　　　　　D．可复用

2．填空题

（1）计算机算法指的是为解决某个特定问题而采取的_____和_____。

（2）C语言程序是由_____构成的，其中有且只有一个_____函数，该函数名为_____。

（3）C源程序文件名的后缀为_____，经过编译后，生成目标文件的后缀为_____，经过连接后，生成文件的后缀为_____。

（4）C函数的函数体以_____开始，以_____结束。

（5）算法具有五个特性，它们分别为_____、_____、_____、有零个或多个输入和有一个或多个输出。

（6）程序=_____+_____。

（7）C语言程序的注释可以出现在程序的任何地方，它总是以_____符号作为开始标记，以_____符号作为结束标记。

（8）C语言的字符集就是_____字符集。'A'的ASCII码值是_____。

（9）C语言符号集包括_____、_____和一些有特殊含义的标点符号。

（10）结构化设计中的三种基本结构是_____、_____和循环结构。

3．简答题

（1）简述C语言的主要特点。

（2）简述标识符的构成规则。

（3）书写程序应该遵循哪些规则？

4．编程题

（1）编写一个C语言程序，输出以下信息："I am　a　student"。

（2）设计一个算法，输入两个数，输出这两个数中的大者，用N-S图表示算法，并编程实现。

第2章 数据类型与表达式

程序处理的对象是数据,编写程序也就是对数据的处理过程。而数据是以某种特定的形式存在的,如整数形式、实数形式、字符形式等。而运算符是对数据进行处理的具体描述。在学习 C 语言编程之前,必须先掌握一些常用数据类型和运算符的基本知识。

本章主要内容包括:

- C 语言的数据类型
- 常量与变量
- 运算符及表达式

2.1 C 语言的数据类型

什么是数据类型?其实就是数据的种类与大小范围。C 语言的数据类型如图 2-1 所示。

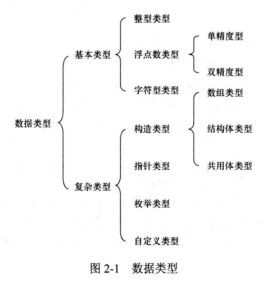

图 2-1 数据类型

2.2 常量与变量

常量就是日常所说的常数,其值在程序运行过程中不能被改变。在 C 语言中常量又分成直接常量与符号常量。

2.2.1　直接常量

直接常量：是在程序中直接引用的数据。如 2.3、7、–4、'a'、'C'等都是直接常量，可以从它的字面形式上直接判定其类型。如 2.3 是实型常量，7、–4 是整型常量，而'a'、'C'则是字符型常量。因此，直接常量又称为"字面常量"。

2.2.2　符号常量

符号常量：是用标识符来表示一个数据。

定义形式：#define　标识符　常量数据

例如，#define　PI　　　3.14159

在程序预处理时，凡是出现标识符 PI 的地方都将用数据 3.14159 来替换。如 2*2.3*PI 等价于 2*2.3*3.14159。

2.2.3　标识符

标识符就是用来表示变量名、常量名、函数名、数组名、类型名、文件名的有效字符序列。标识符必须满足以下规则。

（1）标识符必须是由字母、数字和下划线三种字符组成的。

（2）标识符的第一个字符必须是字母或下划线。

（3）大小写字母表示不同的意义，即代表不同的标识符。

例如：合法的标识符有 sum，_total，month，Student_name，lotus_1_2_3，BASIC，li_ling。

不合法的标识符有 M.D.John，￥123，3D64，a>b。

> **注　意**
>
> （1）编译系统将大写字母和小写字母认为是两个不同的字符。
>
> （2）建议变量名的长度最好不要超过 8 个字符。
>
> （3）在选择变量名和其他标识符时，应注意做到"见名知意"，即选有意义的英文单词作标识符。例如，"和"用 sum 表示，"平均分"用 average 表示。
>
> （4）用户自定义的标识符不能与保留字（关键字）同名。

2.2.4　变量

变量是指在程序运行过程中其值可以被改变的量。

变量被分为不同类型，在内存中占用不同的存储单元，以便用来存放相应变量的值。编程时，用变量名来标识变量，变量的命名规则同标识符的定义规则相同。

类型表示变量在内存中的内在表现形式：①在内存中所占字节数不一样；②可以进行的操作不同。

1．变量的有关规定

（1）使用变量前，必须先定义，否则不能作为变量来使用。

例如：int student; statent=20; 在编译时检查出 statent 未经定义。

（2）每一个变量属于一种类型，便于在编译时为其分配相应的存储单元并据此检查该变量所进行的运算是否合法。

合法的变量名：day，year，book，student，a1，a2，b1，b2

不合法的变量名：#852，.com，＄s1，1999y，123，float

2. 变量的定义

　　［存储属性］〈数据类型〉〈变量名表〉

变量定义包括三部分：存储属性（可以省略）、数据类型、变量名表。

数据类型决定了变量的取值范围和占用内存空间的字节数，变量名表是具有同一数据类型变量的集合，中间用逗号隔开。例如：

```
int   a, b, c ;
 f loat  x, y;
 char c1, c2;
```

2.3 基 本 数 据 类 型

2.3.1 整型数据

1. 整型常量

在 C 语言中，整型常量有十进制、八进制、十六进制三种进制表示方法，并且各种数制均可有正（+）负（−）之分，正数的"+"可省略。

（1）十进制整型常量：以数字 1～9 开头，其他位以数字 0～9 构成十进制整型常量。如 12、−38 等。

（2）八进制整型常量：以数字 0 开头，其他位以数字 0～7 构成八进制整型常量。如 012、−037 等。

（3）十六进制整型常量：以 0X 或 0x 开头（数字 0 和大写或小写字母 x），其他位以数字 0～9 或字母 a～f 或 A～F 构成十六进制整型常量。如 0x12、−0Xa9 等。

如果在整型常量加上后缀 L 或 l 表示该常量为长整型常量，加上后缀 U 或 u 表示无符号整型常量。

2. 整型变量

整型变量可用来存放整型数据（即不带小数点的数）。其定义的关键字如下。

（1）基本型：用 int 表示。

（2）短整型：用 short int 或 short 表示。

（3）长整型：用 long int 或 long 表示。

（4）无符号型包括：

无符号整型：用 unsigned int 或 unsigned 表示。

无符号短整型：用 unsigned short int 或 unsigned short 表示。

无符号长整型：用 unsigned long int 或 unsigned long 表示。

无符号整型变量在存储单元中的全部二进制位都用来存放数据本身，而没有符号位，即不能存放负数，一个无符号整型变量刚好是其有符号数表示范围的上下界绝对值之和。

例如：一个整型变量在内存中占二字节（16 位），则 int 型变量数值的表示范围是−32 768～32 767，unsigned int 变量数值的表示范围为 0～65 535。

C 语言标准没有具体规定以上各类数据所占内存的字节数，各种编译系统在处理上有所不同。

一般的原则是：以一个机器字（word）存放一个 int 型数据，而 long 整型数据的字节数应不小于 int 型，而 short 型应不长于 int 型。

以 PC 为例，整型变量数值的表示范围如表 2-1 所示。

表 2-1　　　　　　　　　　　　　整型变量数值取值范围

整型数据类型	所占位数	所占字节数	数的表示范围
int	16	2	−32 768～32 767
short int	16	2	−32 768～32 767
long int	32	4	−2 147 483 648～2 147 483 647
unsigned int	16	2	0～65 535
unsigned short	16	2	0～65 535
unsigned long	32	4	0～4 294 967 295

如果一个整型数据取值在−32768～32767，应该定义为 int 型数据。对于不可能有负值的整型数据，应该定义为 unsigned int。当整型数据的取值可能低于−32768 或者超出 65535 的范围时，应定义为 long int 型或 unsigned long 型。

例如：下面几个变量的定义。

平均年龄 a1：0～150

学生人数 a2：0～20000

磁盘的字节数 a3：2^{16}

```
int a1;               /* 定义为整型变量 */
unsigned int a2;      /* 定义为无符号整型变量 */
unsigned long int a3; /* 定义为无符号长整型变量 */
```

2.3.2　实型数据

1. 实型常量

在 C 语言中，把带小数的数称为实数或浮点数。

（1）十进制数形式。它是由数字和小数点组成，如 3.14159、−7.2、8.9 等都是十进制形式。

（2）指数法形式。如 180000.0 用指数法可以表示为 1.8e5，1.8 称为尾数，5 称为指数。0.00123 用指数法可以表示为 1.23e-3。

（3）规范化的指数形式。在字母 e（或 E）之前的小数部分中，小数点左边应有一位（且只能有一位）非零的字。

例如，123.456 可以表示为

　　　　　123.456e0，12.3456e1，1.23456e2，0.123456e3，0.0123456e4

其中的 1.23456e2 称为"规范化的指数形式"。

> 注意
>
> （1）字母 e 或 E 之前（即尾数部分）必须有数字。
> （2）e 或 E 后面的指数部分必须是整数。如 e-3、9.8e3.1、e5 都是不合法的。

2. 实型变量

实型变量又称为浮点型变量，按能够表示数的精度，又分为单精度浮点型变量和双精度浮点型变量，定义方式分别如下。

```
float a, b;      /* 单精度变量的定义 */
double c, d;     /* 双精度变量的定义 */
```

单精度浮点型变量和双精度浮点型变量之间的差异，仅仅体现在所能表示的数的精度上。一般系统单精度型数据占 4 字节，有效位为 6～7 位，数值范围为–3.4E-38～3.4E+38。而双精度型数据占 8 字节，有效位为 15～16 位，数值范围为–1.7E-308～1.7E+308。

实型常量不存在单精度型和双精度型之分。当一个实型常量赋予一个实型变量时，C 语言根据该实型变量的类型来截取常量中相应的有效位数字。

2.3.3　字符型数据

1. 字符型常量

字符型常量由一对单引号括起来的单个字符构成，它分为一般字符常量和转义字符。一个字符常量在计算机的存储中占据一字节。

（1）一般字符常量：一般字符常量是用单引号括起来的一个普通字符，其值为该字符的 ASCII 代码值。ASCII 编码表见附录 A。如'a'、'A'、'0'、'?'等都是一般字符常量，但是'a'和'A'是不同的字符常量，'a'的 ASCII 编码值为 97，而'A'的 ASCII 编码值为 65。字符常量'0'～'9'的 ASCII 编码值是 48～57。显然'0'与数字 0 是不同的。

（2）转义字符：C 语言允许用一种特殊形式的字符常量，它是以反斜杠（\）开头的特定字符序列，表示 ASCII 字符集中控制字符、某些用于功能定义的字符和其他字符。如'\n'表示回车换行符，'\\'表示字符'\'。在统计字符个数时，只能记为一个字符。常用的转义字符见表 2-2。

表 2-2　　　　　　　　　　　转 义 字 符 表

字符形式	转义字符含义	字符形式	转义字符含义
\n	回车换行	\r	回车，将当前位置移到本行开头
\b	左退一格	\t	横向跳格字符（即跳到下一个输出区）
\f	换页	\0	空值（NULL）
\'	单引号	\"	双引号
\v	竖向跳格	\ddd	1～3 位八进制数所代表的字符
\\	反斜线	\xhh	1～2 位十六进制数所代表的字符

一个字符的多种表示方法：65D（十进制）=41H（十六进制）=101Q（八进制）。所以字符 A 可以表示为'A'、'\x41'、'\101'、65、0x41、0101。

注 意

以下是错误的表示，把单引号写成''''，表示双引号写成''''，表示斜线写成'\'。（思考什么是正确的表示方法）

【例 2-1】　转义字符的使用。

```
#include <stdio.h>
void main()
{
printf("come\ton!\b.\nIt\'s\ta bird.\n");
}
```

程序运行结果如下：

```
come        on.
It's        a   bird.
```

2. 字符型变量

字符型变量用来存放字符常量，注意只能放一个字符。

字符变量的定义形式为 char c1, c2;

可以用下面语句对 c1，c2 赋值：

```
c1='a'; c2='b';
```

一个字符变量在内存中占一字节。将一个字符常量放到一个字符变量中，实际上并不是把该字符本身放到内存单元中去，而是将该字符的相应的 ASCII 代码放到存储单元中。

【例 2-2】 大小写字母的转换。

```
#include <stdio.h>
void main()
{char c1,c2;
c1='a';
c2='b';
c1=c1-32;
c2=c2-32;
printf("%c %c",c1,c2);
}
```

运行结果：A B

说明：程序的作用是将两个小写字母 a 和 b 转换成大写字母 A 和 B。从 ASCII 代码表中可以看到每一个小写字母比它相应的大写字母的 ASCII 码大 32。C 语言允许字符数据与整数直接进行算术运算。

2.3.4 字符串常量

字符串常量是由一对双引号括起来的字符序列。例如，"program"、"A"、"book"都是字符串常量，双引号仅起定界符的作用，并不是字符串中的字符。

字符串所包含的字符个数称为字符串的长度。如"hello"长度为 5，"你好"的长度为 4（一个汉字相当于两个字符）。双引号内没有任何字符的字符串称为空串。如""，其长度为 0。

C 语言规定，存储一个字符串时，系统将在字符串的结尾处自动添加一个字符串结束的标志 " \0 "。例如："a'在内存中占一字节，可表示为 | a |

"a"在内存中占二字节，可表示为 | a | \0 |

字符串常量与字符常量的区别如下。

（1）字符串常量是用双引号括起来的字符序列。

（2）字符串常量在内存中存储时有串尾标记 "\0"。

（3）C 语言中没有专门的字符串变量。字符串如果需要存放在变量中，需要用字符型数组来存放。

（4）允许的操作不同。字符常量允许在一定范围内与整数进行加法或减法运算。例如，'a'-32 合法。字符串常量不允许上述运算。例如，"a"-32 是非法的。

 注 意

> 不能把一个字符串常量赋给一个字符变量。

下面的用法都是错误的。

```
char c1,c2;
c1="a";
c2="CHINA";
```

对于字符串，C 语言中规定以字符'\0'作为结束标志，系统将根据该字符判断字符串是否结束。字符'\0'由系统自动加入到每个字符串的结束处，不必由编程人员加入。

2.4 变 量 类 型 转 换

在 C 语言中，2×3=6，20×30=600，200×300 却不等于 60000。

这是为什么呢？原来是数据类型造成的。C 语言规定，表达式值的类型由参与运算的数据的类型（最大类型）决定。这三个表达式的原始数据类型都是整型，所以结果也应该是整型，其范围是−32 768～32 767。前两个表达式的结果未超出该范围，所以结果正确。第三个表达式的结果是 60000，已超出整型数表示的范围，故 C 语言已经不能得出正确的结果了。

又如：1/2=0，1.0/2=0.5。

这很好解释：整数除以整数结果是整数，所以 1/2=0。实数除以整数结果为实数，故有1.0/2=0.5。

C 语言中变量类型转换有两种方式：自动转换方式、强制转换方式。上面的几个例子是自动类型转换。

2.4.1 自动类型转换

自动类型转换的原则是"小类型向大类型转换"，如图 2-2 所示。这里所谓的小类型、大类型是相对于数据占用的内存多少而言的。

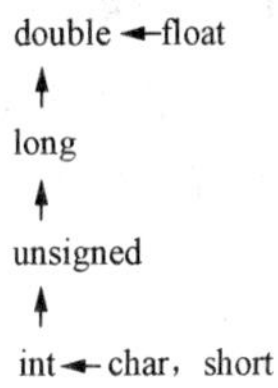

向左的横向箭头，表示即使在同一种数据类型进行运算时，也要进行转换，用于提高计算精度。如字符型（char）数据必定先转换为整数，实型（float）数据必定先转换成双精度（double）型，而向上的纵向箭头，表示当运算对象类型不同时的转换方向。例如 char 型和 double 型进行运算，则先将 char 型转换成 double 型，然后再运算，结果为 double 型。注意 char 型转换为 double 型时，是直接一次性转换，中间不经过 int、unsigned 和 long 类型。

```
double ◀─float
        ↑
       long
        ↑
    unsigned
        ↑
    int ◀─ char，short
```

图 2-2 不同类型数据
转换规则

由于字符型数据可以和整型数据通用，则表达式 200+ 'B' +8.65*38 是合法的。

在进行混合运算时，不同类型的数据首先要转换成同一类型，然后才能进行运算。而这种转换最终转化成整数和浮点数之间转换的问题，自动转换规则如下。

（1）当单、双精度浮点型数据赋给整型变量时，浮点数的小数部分将被舍弃。

（2）当整型数据赋给浮点型变量时，数值上不发生任何变化，但有效位增加。

（3）如果算术运算符两个运算对象都为整数，那么，运算将按照整型数据的运算规则。这就意味着对于除法运算来讲，其结果的小数部分将被舍弃。

在这种情况下，即使运算结果赋给浮点型变量也是一样的，结果的小数部分也将被舍弃。例如：

```
float b;
int a=8;
…
b=20/a;
```

b 结果是 2.0，而不是 2.5。

（4）只要某个算术运算对象中有一个是浮点型数据，其运算将按照浮点型规则来进行，即运算结果小数部分被保留下来。

2.4.2　强制类型转换

强制类型转换的一般形式如下所示：

　　　　（强制的类型名）〈变量〉

例如：（int）（a+b），将 a+b 的结果强制转换成 int 型；（float）a/b，将 a 的结果强制转换成 float 型后，再进行运算。例如：（float）1/2=0.500000，（float）（1/2）= 0.000000。

【例 2-3】　强制类型转换应用。

```
#include <stdio.h>
void main()
{int a;
float b=3.6;
a=(int)b;
printf("b=%f,a=%d\n",b,a);
}
```

程序运行结果：

```
b=3.600000,a=3
```

注　意

经强制类型转换后，得到的是一个所需类型的中间变量，原来变量的类型并没有发生任何变化。

2.5　变 量 初 始 化

变量初始化，即在定义变量的同时给变量赋予初值。例如：

```
int a=3;            // 指定 a 为整型变量,初值为 3
float f=3.56;       // 指定 f 为浮点型变量,初值为 3.56
char c='a';         // 指定 c 为字符变量,初值为 'a'
```

说明：

（1）可以使被定义的变量的一部分赋初值。

例如，int a，b，c=5；表示指定 a、b、c 为整型变量，但只对 c 初始化，c 的初值为 5。

（2）如果对几个变量赋以同一个初值，应写成 int a=3,b=3,c=3;表示 a、b、c 的初值都是 3。不能写成 int a=b=c=3;。

2.6　运 算 符 及 表 达 式

2.6.1　运算符及表达式

1．运算符

C 语言提供了 13 类，共计 34 种运算符。据运算符的运算对象的个数，C 语言的运算符分为单目运算符、双目运算符和三目运算符。运算符具体分类情况如表 2-3 所示。

表 2-3　　　　　　　　　　　　　　运 算 符 分 类

分 类 名 称	运 算 符	分 类 名 称	运 算 符
算术运算符	+、−、*、/、%、++、−−	指针运算符	*、&
关系运算符	<、<=、>、>=、==、!=	求字节数运算符	sizeof
逻辑运算符	&&、||、!	强制类型转换运算符	（类型）
位运算符	<<、>>、~、|、^、&	分量运算符	.　、−>
赋值运算符	=及其复合赋值运算符	下标运算符	[　]
条件运算符	? :	其他	函数运算符()
逗号运算符	,		

2．表达式

用运算符将操作对象连接起来、符合 C 语言语法规则的式子称为表达式。表达式因运算符种类也可分为各种表达式，如算术表达式、关系表达式、赋值表达式等，每一个表达式也都具有一定的值。例如，a=b+c。

3．运算符的优先级

运算符的优先级是指不同的运算符在表达式中进行运算的先后次序。例如，算术运算符*、/的优先级高于+、−的优先级。

4．运算符的结合性

当一个运算对象的两侧的运算符的优先级相同时，运算的结合方向称为结合性。运算符的结合性分为左结合和右结合两种。在 C 语言中，运算对象先与左面的运算符结合称左结合，如+、−、*、/的结合方向为自左向右；运算对象先与右面的运算符结合称右结合。

2.6.2　算术运算符与算术表达式

1．算术运算符

加法运算符"+"：是双目运算符，如 14+8、x+y 等。

减法运算符"−"：是双目运算符，如 14−8、x−y 等。

乘法运算符"*"：是双目运算符，如 x*y、2*3 等。

除法运算符"/"：是双目运算符，参与运算量如果为整型，结果也为整型，舍去小数部分；如果运算量中有一个是实型，则运算结果为双精度实型。如 7/2 的结果是 3，5.0/2 的结果是 2.5。

模运算符"%"：也称求余运算符。要注意的是，"%"不是数学上的百分比，其作用是取两个整数相除后的余数，其运算对象必须为整型数据，余数的符号取被除数的符号。

例如：17%5 值为 2，–17%5 值为–2，–17%–5 值为–2，17%–5 值为 2。

在实际应用中，%通常用于分解数字、判断整除等。

取多位正整数 x 的个位、十位、百位、千位……，可依次用表达式 x%10、x/10%10、x/100%10、x/1000%10……实现；若 a 能被 b 整除，则 a%b 值为 0。

2. 算术表达式

由算术运算符、括号及操作对象组成的符合 C 语言语法规则的表达式称为算术表达式。例如，下述式子均为算术表达式：

```
a+b*c+(x/y)-700
100%3+100*2
```

注　意

（1）左右括号须配对，从内层开始执行。

（2）优先级由高到低进行。

2.6.3　赋值运算符和赋值表达式

1. 赋值运算符

赋值符号"="就是赋值运算符，它的作用是将一个数据赋给一个变量。

2. 赋值表达式

由赋值运算符将一个变量和一个表达式连接起来的式子称为赋值表达式。

形式为　变量=表达式

它的功能是将赋值运算符右边的"表达式"的值赋给左边的变量。注意，赋值表达式左边必须为变量，赋值运算具有右结合性。

赋值表达式中的"表达式"，又可以是一个赋值表达式。例如：

```
a=(b=5)
```

分析：括号内的"b=5"是一个赋值表达式，它的值等于 5。执行表达式"a=（b=5）"相当于执行"b=5"和"a=b"两个赋值表达式。赋值运算符按照"自右而左"的结合顺序，因此，"(b=5)"外面的括号可以不要，即"a=（b=5）"和"a=b=5"等价。

例如，赋值表达式(a=3*5)=4*3

分析：先执行括号内的运算，将 15 赋给 a，然后执行 4*3 的运算，得 12，再把 12 赋给 a。最后 a 的值为 12，整个表达式的值为 12。

下面的表达式均为赋值表达式。

b=4，b 的值为 4。

e= f = –2 等价于 e=（f=–2），其值为–2。

a=（10+20）%8/3 的值为 2。

x=（y=10）/（d=2）的值为 5。

3. 复合的赋值运算符

在赋值符"="之前加上其他运算符，可以构成复合的运算符。例如：

a+=3　　等价于　a=a+3

x*=y+8　等价于　x=x*（y+8）

x%=3　　等价于　x=x%3

复合赋值符这种写法（注意构成复合运算符的两个运算符之间不能有空格），对初学者可能不习惯，但十分有利于编译处理，能提高编译效率并产生质量较高的目标代码。

赋值表达式也可以包含复合的赋值运算符，例如：

如果 a=10，表达式 a+=a-=a*a 的值为-180。其求解步骤如下。

（1）先进行 a-=a*a 的计算，它相当于 a=a-a*a=10-10*10= -90。

（2）再进行 a+= -90 的计算，它相当于 a=a+（-90）= -90-90= -180。

2.6.4　自增和自减运算符

增 1 运算符（++）和减 1 运算符（--）是 C 语言中两个较为独特的单目运算符。它既可以在操作数前，也可以在操作数后。其操作对象只能是变量，不能是常量或表达式。自增和自减运算符的作用是将操作对象的值增加 1 或减去 1。虽然自增和自减运算符既可用于前缀运算，也可用于后缀运算，但其意义不同。例如：

i++，i-- 表示在使用 i 值之后将 i 值加（减）1。

++i，--i 表示在使用 i 值之前将 i 值加（减）1。

i 为变量，结果送回 i，为原类型，对变量本身前缀和后缀效果相同，但是对表达式效果不同。

例如，i=2，则：

j=++i;　i 的值先变为 3，再赋给 j，j 的值为 3。

j=i++;　先将 i 的值 2 赋给 j，j 的值为 2，然后 i 的值为 3。

j=--i;　i 的值先变为 1，再赋给 j，j 的值为 1。

j=i--;　先将 i 的值 2 赋给 j，j 的值为 2，然后 i 的值为 1。

说明：

（1）++和--仅适用于变量，不能用于常量或表达式。

（2）++和--运算符的结合方向是"自右向左"。

例如，i = 2;

　　j= -i++;

分析：

（1）++、--、+（正号）、-（取负）是同级运算符，结合方向：自右向左。

（2）-i++等价于-（i++）。

（3）对于括号内的自增运算，又要先使用 i，再使 i 增加 1。

运算结果：i 的值为 3，j 的值为-2。

【例 2-4】　自增、自减实例。

```
main()
```

```
{
int a=100;
printf(" a++=%d\n ",a++);
printf(" ++a=%d\n ",++a);
printf(" a--=%d\n ",a--);
printf(" --a=%d\n ",--a);
}
```

输出结果：

```
a++=100
++a=102
a--=102
--a=100
```

2.6.5　逗号运算符及逗号表达式

逗号运算符为"，"。逗号表达式是用逗号运算符把两个表达式组合成的一个表达式。

其一般形式为

〈表达式 1〉，〈表达式 2〉

说明：

（1）逗号表达式的执行过程是：先求表达式 1 的值，再求表达式 2 的值，表达式 2 的值就是整个逗号表达式的值。例如：

a=8，a+10。

先对 a=8 进行处理，然后计算 a+10，因此上述表达式执行完后，a 的值为 8，而整个表达式的值为 18。再如：

10*5，20*4。整个逗号表达式的值为 80。

（2）一个逗号表达式可以与另一个表达式构成一个新的逗号表达式。例如：

（a=2*8，a*5），a+10 构成一个逗号表达式，先计算 a=2*8 的值，a=16，然后再计算 a*5=80。（a=2*8，a*5）的值为 80，最后计算 a+10，此时 a 的值没有变，仍为 16，那么逗号表达式（a=2*8，a*5），a+10 的值为 a+10 的值，即为 26。

（3）逗号运算符是所有运算符中级别最低的。

逗号表达式的一般形式可以扩展为

〈表达式 1〉，〈表达式 2〉，〈表达式 3〉…〈表达式 n〉

表达式 n 的值是整个表达式的值。

2.6.6　求字节数运算符

sizeof 运算符是测试变量、表达式或类型名所占用的字节数。有两种用法：

sizeof〈表达式〉：测试表达式所占用的字节数。

sizeof〈类型名〉：测试类型名所占用的字节数。

例如，sizeof（float）其值为 4。sizeof（4）其值为 2。

2.7　上　机　实　训

2.7.1　实训目的

（1）掌握 C 语言数据类型，熟悉如何定义一个整型、字符型和实型的变量及对它们赋值的方法。

（2）能对变量正确赋值，掌握不同的类型数据之间赋值的规律。

（3）学会使用 C 语言的有关算术运算符，掌握对运算符和表达式的正确使用。

2.7.2　实训内容

（1）输入并运行下面的程序。

```
main()
{
char c1,c2;
c1='a';
c2='b';
printf("%c%c\n",c1,c2);
}
```

1）运行此程序。

2）在程序最后增加一条语句：

```
printf ("%d %d\n", c1, c2);
```

再运行，并分析结果。

3）将第 2 行 char c1,c2;改为

```
int c1,c2;
```

再使之运行，并观察结果。

4）再将第 3、4 行改为

```
c1 = a; /*不用单撇号*/
c2 = b;
```

现使之运行，分析其运行结果。

5）再将第 3、4 行改为

```
c1 = "a";    /*用双撇号*/
c2 = "b";
```

再使之运行，分析其运行结果。

（2）输入并运行以下程序。

```
main()
{
char cl ='a',c2 ='b',c3 ='c',c4 ='\101',c5 ='\116';
printf("a%c b%c\tc%c\tabc\n",cl,c2,c3);
printf("\t\b%c%c",c4,c5);
}
```

在上机前先分析程序，写出应得结果，上机后将二者对照。

（3）输入以下程序。

```
main()
{
int i,j,m,n;
i = 8;
```

```
j = 10;
m = ++i;
n = j++;
printf("%d,%d,%d,%d",i,j,m,n);
}
```

1）运行程序，注意 i、j、m、n 各变量的值，分别作以下改动并运行。
2）将第 5、6 行改为

```
m = i++;
n = ++j;
```

再运行。

3）将程序改为

```
main()
{
int i,m = 0,n = 0;
i = 8;
j = 10;
m + = i++;
n - = --j;
printf("i = %d,j = %d,m = %d,n = %d",i,j,m,n);
}
```

（4）分析下面程序运行结果产生的原因。

```
main()
{int a=2,b=1,c=1,d=6,e=9;
b+=a; printf("%d",b);
c*=a; printf("%d",c);
d/=a; printf("%d",d);
e%=a; printf("%d",e);
}
```

2.8 习　　题

1. 选择题
（1）下列数据中属于字符串常量的是（　　）。
    A. ABC   B. "ABC"   C. 'abc'   D. 'a'
（2）在 C 语言中，合法的长整数是（　　）。
    A. 0L   B. 4962710   C. 0.054838743   D. 2.1869e10
（3）设以下变量均为 int 类型，则值不等于 7 的表达式是（　　）。
    A.（x=y=6, x+y, x+1）   B.（x=y=6, x+y, y+1）
    C.（x=6, x+1, y=6, x+y）   D.（y=6, y+1, x=y, x+1）
（4）C 语言中，int 类型数据所占的字节数是（　　）。
    A. 1   B. 2   C. 4   D. 8
（5）在 C 语言中，要求运算量必须是整型数的运算符是（　　）。

　　A．%=　　　　　　　B．/=　　　　　　　C．%=和/=　　　　　D．/

（6）以下正确的字符常量是（　　）。

　　A．'\0x41'　　　　　B．"a"　　　　　　C．'\b'　　　　　　D．"\0"

（7）以下选项中不合法的用户标识符是（　　）。

　　A．_234　　　　　　B．a_3　　　　　　C．B$　　　　　　D．max

（8）以下合法的赋值（　　）。

　　A．x=y=7　　　　　B．x=52%2.6　　　C．x+y=9　　　　　D．x=10=6+4

（9）以下叙述中错误的是（　　）。

　　A．用户所定义的标识符允许使用关键字

　　B．用户所定义的标识符必须以字母或下划线开头

　　C．用户所定义的标识符应尽量做到"见名知意"

　　D．用户所定义的标识符中，大小写字母代表不同的标志

（10）设 a=12，表达式 a+=a-=a*=a 的值是（　　）。

　　A．12　　　　　　　B．144　　　　　　C．0　　　　　　　D．132

（11）字符串"ABC"在内存占用的字节数是（　　）。

　　A．3　　　　　　　B．4　　　　　　　C．6　　　　　　　D．8

（12）若有以下定义：char a；int b；float c；double d；则表达式 a*b+d-c 值的类型为（　　）。

　　A．float　　　　　　B．int　　　　　　C．char　　　　　　D．double

2．填空题

（1）C 语言中，用关键字_____定义基本整型变量，用关键字_____定义单精度实型变量，用关键字_____定义字符型变量。

（2）C 语言中字符型变量在内存中占_____字节。

（3）表达式 a=3*2，a*6 的值是_____，表达式 3.8-3/2+1.2+7%5 的值是_____。

（4）执行下面的语句段后 a、b、c、d 的值分别是_____、_____、_____、_____。

```
a=4;
b=2;
c=--a*b++;
d=a--*++b;
```

（5）求解表达式 a=3，b=5，b+=a，c=b*5 之后，a、b、c 的值分别是_____、_____、_____。

（6）已知 b=23.4，c=12.7，将 b*c 的值强制转化为 int 型的表达式为_____。

（7）-12345E-3 代表的十进制实数是_____。

（8）设整型变量 x，y，z 均为 5：

执行"x-=y-z"后 x=_____，

执行"x%=y+z"后 x=_____，

（9）在 C 语言中，运算符的优先级最小的是_____运算符。

3．程序题

（1）输入并调试运行以下程序，写出运行结果。

```
#include "stdio.h"
 main()
{ char c1,c2;
```

```
  c1=97;c2=98;
  printf("%c%c",c1,c2);
}
```

（2）请阅读分析下面程序然后写出运行结果。

```
#include "stdio.h"
 void main()
{ int x=8,y=-5;
   printf("x=%d,y=%d\n",x,y);
   x=x+y;
   y=x-y;
   x=x-y;
   printf("x=%d,y=%d\n",x,y);
}
```

第3章 顺序结构程序设计

顺序结构是程序设计中最简单、最常用的基本结构，也是所有程序的主体基本结构。在顺序结构中，各程序按照出现的先后顺序自上而下依次执行。

本章主要内容包括：

- 进一步理解 C 语言程序的组成，了解 C 语言语句的分类
- 掌握 C 语言中数据的输入/输出方法，掌握输入/输出函数的使用
- 掌握顺序结构程序设计方法，能编写简单的 C 语言程序

3.1 C 语 言 语 句

3.1.1 C 语言语句概述

一个 C 语言程序由若干个源程序文件组成，一个源文件由若干个函数和预处理命令及全局变量声明部分组成，一个函数由数据声明部分和执行语句部分组成，执行语句部分就是由 C 语言语句组成的。C 语言的语句概述如下。

（1）C 语言程序对数据的处理是通过"语句"的执行来实现的。

（2）一条语句完成一项操作（或功能）。

（3）一个为实现特定目的的程序应包含若干条语句。

3.1.2 顺序结构语句分类

在顺序结构程序中，各语句是按照书写的顺序自上而下一步步执行，程序中的每一条语句都被执行一次，且仅能被执行一次。顺序结构语句可以分为四大类。

1. 表达式语句

表达式的后面加一个分号就构成了一个语句，例如，sum=a+b;。事实上，C 语言中有使用价值的表达式语句主要有以下三种。

（1）赋值语句。例如，sum=a+b。

（2）自动增 1、减 1 运算符构成的表达式语句。例如，i++。

（3）逗号表达式语句。例如，x=1, y=2。

2. 空语句

语句仅有一个分号";"，它表示什么也不做。一般和后面章节所讲循环语句结合使用起到延时作用。

3. 复合语句

由"{"和"}"把一些变量定义和执行语句组合在一起，称为复合语句，又称语句块。复合语

句的一般格式为

```
{
    语句 1;
    语句 2;
    …
    语句 n;
}
```

例如，下述是一个复合语句：

```
{
z=x;
x=y;
y=z;
}
```

复合语句在程序运行时，花括号中的各行单语句是依次顺序执行的。C 语言中可以将复合语句视为一条单语句，也就是说在语法上等同于一条单语句。

4. 函数调用语句

由一个函数调用加上一个分号组成一条语句，例如：

```
scanf("%d%d",&a,&b);
printf("a=%d,b=%d\n",a,b);
```

3.2　赋　值　语　句

在赋值表达式的尾部加上一个分号，就构成了赋值语句。其一般形式为

变量=表达式；

功能：将赋值运算符右侧表达式的值赋给左侧的变量。

赋值语句形式多样、用法灵活。使用赋值语句时需要注意以下几点。

（1）在赋值运算符"="的左边只能是变量，不能是常量、表达式。

例如：x=3;a=(b=10)/(a=2);y=(7+6)%5/3

a +1= 6;(错误)

（2）在赋值运算符"="右边的表达式也可以又是一个赋值表达式。例如，变量=（变量=表达式）；从而形成嵌套的情形。其展开之后的一般形式为

变量=变量=……=表达式；

例如：a=b=c=d=e=5;

按照赋值运算符的右接合性，上述语句实际上等效于 e=5;d=e;c=d;b=c;a=b;。

（3）注意变量初始化和赋值语句的区别。变量初始化是变量说明的一部分，只能出现在函数的说明部分，赋初值后的变量与其后的其他同类变量之间仍必须用逗号间隔；而赋值语句则必须出现在函数的执行部分，并且一定要用分号结尾。例如：

```
main()
{int x=3,y=4,m,n;            /*变量初始化*/
m=x+y;                       /*赋值语句*/
```

```
n=x-y;
}
```

（4）语句中"="称为赋值号，不同于数学中的符号。如 A=A+1 在数学中是不成立的，但在程序设计中则是允许的。表示取变量 A 单元的值，将其加 1 后，仍然放回到 A 变量的单元。

3.3 数据的输入与输出

把数据从计算机的内部送到计算机的外部设备上的操作称为"输出"。反之，从计算机的外部设备（如键盘、磁盘等）上将数据送入到计算机内部的操作则称为"输入"。

在 C 语言中，所有的数据输入/输出操作都是通过对标准库函数的调用完成的。本节的内容主要是介绍常用的 printf 函数、scanf 函数、getchar 函数和 putchar 函数。

【**案例 3-1**】 设计程序，求三个整数的和及平均值。

算法如下：

（1）给出三个整数的值；

（2）计算它们的和及平均值；

（3）输出计算结果。

流程图如图 3-1 所示。

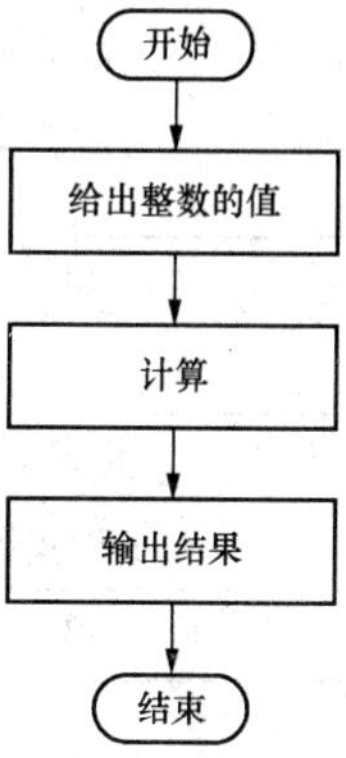

案例分析　（1）如何给出三个整数的值？

　　　　　　　（2）如何输出结果？

案例实现

```
#include<stdio.h>
main()
{
int a,b,c,sum;            /*定义四个整型变量,sum 表示和*/
float aver;               /*aver 用来表示平均值*/
a=3;b=5;c=5;              /*赋值*/
sum=a+b+c;               /*求和*/
aver=sum/3.0;            /*求平均值*/
printf("%d,%f",sum,aver); /*输出*/
}
```

图 3-1　流程图

3.3.1 格式化输出函数

格式：printf（格式控制，输出项表）;

功能：将"输出项表"中给出的输出项按"格式控制"中规定的输出格式输出到标准输出设备。

说明：

（1）printf 函数中的"输出表"是要输出的一些数据，可以是表达式。这些表达式应与"格式控制"字符串中的格式说明符的类型一一对应。若"输出表"中有多个表达式，则每个表达式之间应由逗号隔开。例如，printf("a=%d,b=%d",a,b);若已知 a、b 的值分别为 3、4，则输出为 a=3、b=4。

（2）格式控制是用双引号括起来的字符串，包括普通字符和格式说明。

普通字符：是需要原样输出的字符（包括转义字符）。

格式说明：由"%"和格式符组成，如%c 和%f 等，作用是将要输出的数据转换为指定格式后输出。printf 函数中使用的格式字符如表 3-1 所示。

表 3-1   printf 函 数 格 式 字 符

格 式 字 符	功 能
d	按十进制形式输出带符号的整数（正数前无+号）
o	按八进制形式无符号输出（无前导 o）
x	按十六进制形式无符号输出（无前导 ox）
u	按十进制无符号形式输出
c	按字符形式输出一个字符
f	按十进制形式输出单、双精度浮点数（默认 6 位小数）
e	按指数形式输出单、双精度浮点数
s	输出以 '\0' 结尾的字符串
ld	长整形输出
m 格式字符	按宽度 m 输出，右对齐
–m 格式字符	按宽度 m 输出，左对齐
m，n 格式字符	按宽度 m，n 位小数或截取字符串前 n 个字符输出，右对齐
–m，n 格式字符	按宽度 m，n 位小数或截取字符串前 n 个字符输出，左对齐

说明：

（1）d 格式：%md 中 m 为指定的输出字段的宽度。如果数据的位数大于 m，则按实际位数输出，否则输出时向右对齐，左端补以"空格"符。

例如：printf（"%4d，%4d"，a，b）；

a=123，d=12345，则输出结果为 123，12345

long a=135790；   /* 定义 a 为长整型变量*/

printf（"%ld"，a）；则输出结果为 135790

（2）c 格式：%c，%mc，m 为指定的输出字段的宽度。若 m 大于一个字符的宽度，则输出时向右对齐，左端补以"空格"符。

例如：printf("%c,%3c",'a','b')；

输出：a, b

（3）s 格式：%ms，其中 m 为输出时字符串所占的列数。如果字符串的长度（字符个数）大于 m，则按字符串的本身长度输出。否则，输出时字符串向右对齐，左端补以"空格"符。% – ms 中 m 的意义同上。如果字符串的长度小于 m，则输出时字符串向左对齐，右端补以"空格"符。

例如：printf("%3s,%7.2s,%.4s,%5.3s\n","china","china","china","china")

china,   ch, chin, chi

（4）f 格式：%m.nf 中 m 为浮点型数据所占的总列数（包括小数点），n 为小数点后面的位数。如果数据的长度小于 m，则输出时向右对齐，左端补以"空格"符。%–m.nf 中 m、n 的意义同上。如果数据的长度小于 m，则输出时向左对齐，右端补以"空格"符。

例如：`float f=123.456;`

`printf("%f,%10.2f,%-10.2f",f,f,f)`

`123.456000,　　　123.46,123.46`

（5）e 格式符，以指数形式输出实数。

例如：`printf("%e",123.456);`

输出：`1.234560e+002`

使用 printf 函数时需要注意以下几点。

（1）除了 X、E 外，其他格式字符必须用小写字母，如%d 不能写成%D。

（2）可以在"格式控制"字符串中包含转义字符，例如，`printf("%d\t%d\n",123,789);`

（3）如果需要输出字符"%"，则应该在"格式控制"字符串中用连续两个%表示。例如，`printf("x=%d%%",100/4);`将显示 x=25%。

（4）printf 函数中的"格式控制"字符串中的每一个格式说明符，都必须与"输出表"中的某一个变量相对应，而且格式说明符应当与其所对应变量的类型一致。

【案例 3-2】　中三个整数的值是直接赋值的，如果要求这三个数的值在程序运行随机给定，怎么办？这就得用输入函数 scanf。

【例 3-1】　案例用函数 scanf()实现。

```
#include<stdio.h>
main()
{ int a,b,c,sum;            /*定义四个整型变量,sum 表示和*/
float aver;                 /*aver 用来表示平均值*/
scanf("%d%d%d",&a,&b,&c);   /*用函数赋值*/
sum=a+b+c;                  /*求和*/
aver=sum/3.0;               /*求平均值*/
printf("%d,%f",sum,aver);   /*输出*/
}
```

3.3.2　格式化输入函数

格式：scanf（格式控制，地址表）；

功能：用来输入任何类型数据，可同时输入多个不同类型的数据。

说明：

（1）地址表中每项以逗号分隔，列出需要输入的项（变量）的地址，而不是变量名。

（2）同 printf 函数一样，格式控制是用双引号括起来的字符串。包括普通字符和格式说明。

（3）普通字符：是需要原样输入的字符，一般不提倡使用。

（4）格式说明：由%和格式符组成，如%c 和%f 等，作用是规定按指定的格式输入数据。scanf 函数中使用的格式字符如表 3-2 所示。

表 3-2　　　　　　　　　　　　**scanf 函 数 格 式 字 符 表**

格式字符	功　　能	格式字符	功　　能
d	输入十进制整数	f，e	输入浮点数（小数或指数形式）
o	输入八进制整数	hd，ho，hx	输入短整型（十进制，八进制，十六进制）数据

格式字符	功　　能	格式字符	功　　能
x	输入十六进制整数	ld，lo，lx	输入长整型（十进制，八进制，十六进制）数据
c	输入单个字符	lf，le	输入长浮点型数据（双精度）
s	输入字符串	*	表示本输入现在读入后不赋给相应的变量

说明：

（1）如果格式说明符之间没有任何字符，则在输入非字符型数据时，两个数据之间要使用空格、Tab 或"回车"键做间隔。如果格式说明符之间包含其他字符，则输入数据时，应输入与这些字符相同的字符做间隔。

例如：

```
scanf("%d,%f,%c",&i,&f,&c);
```

在输入数据时，应采用如下形式：

20，7.8，a

（2）可以在格式说明符的前面指定输入数据所占的宽度，系统将自动按此宽度来截取所需的数据。输入字符型数据时，各数据项之间不能有间隔符。

例如：

```
int a,b;
char d,w;
scanf("%d%d",&a,&b);
scanf("%3d%d",&a,&b);
scanf("%d%c%c",&a,&d,&w);
```

输入：

```
1234  23
123456
123a1
```

结果：

```
a=1234 b=23
a=123 b=456
a=123 d='a' w='1'
```

（3）格式控制中的数据类型与地址表列中的数据的类型，应该一一对应匹配。如果类型不匹配，系统并不给出错误信息，但不可能得到正确的数据。

例如：下列程序在编译时没有任何错误，但在执行时输出的结果总是 y=0.000000。

```
main()
{float y;
 scanf("%d",&y);
 printf("y=%f \n",y);
 }
```

（4）跳过输入数据的方法。

例如：scanf("%d%*d%d%d",&a1,&a2,&a3);

当输入以下数据时：18　28　38　48<CR>

将把 18 赋给 a1，跳过 28，把 38 赋给 a2，把 48 赋给 a3。

（5）输入双精度的实数一定要用%lf。

3.3.3 字符输入函数

格式：getchar()

功能：从键盘上接收输入的一个字符。

说明：getchar()的值可以送给字符变量，也可以送给整型变量。

> **注 意**
>
> 只能作为表达式的一部分，如果 getchar()不赋给任何变量则该函数无意义。使用本函数前必须包含文件<stdio.h>。

【例 3-2】 从键盘输入一个字符，并将其存入字符型变量 c 中。

```
#include<stdio.h>
main()
{
  char c;
  c=getchar();
}
```

3.3.4 字符输出函数

格式：putchar（c）;

功能：向终端（一般为显示器）输出一个字符。

说明：c 可以是字符型或整型变量，也可以是一个字符常量或整型常量。使用本函数前必须要用文件包含命令：#include　<stdio.h>

【例 3-3】 从键盘输入一个字符，在屏幕上显示出来。

```
#include<stdio.h>
main()
{
  char c;
  c=getchar();                  /* 从键盘输入一个字符 */
  putchar(c);                   /* 在屏幕上显示一个字符 */
}
putchar('a');putchar(97);
```

putchar 函数也可以输出一些特殊字符（控制字符），例如，putchar('\n');

【例 3-4】 输入一个小写字母，输出该字母及其 ASCII 码值。

```
#include <stdio.h>
main()
{char c1,c2;
printf("Input a lowercase letter:");
c1=getchar();
putchar(c1);
printf(",%d\n",c1);
}
```

3.4　顺序结构程序设计应用举例

【例 3-5】 编程从键盘输入圆的半径 radius，输出圆的周长和圆的面积。

```
main()
{float radius,length,area,pi=3.141592;
printf("input  radius:");
scanf("%f",&radius);
length=2*pi*radius;                /*求圆周长*/
area=pi*radius*radius;             /*求圆面积*/
printf("radius=%f\n",radius);      /*输出圆半径*/
printf("length=%7.2f,area=%7.2f\n",length,area);
}
```

程序运行结果如下：

```
input   radius: 1.5<CR>
radius=1.500000
length=    9.42, area=    7.07
```

【例 3-6】 交换 x 和 y 的值并输出。

```
#include "stdio.h"
main()
{int x ,y,t ;
  printf("Enter x y:\n ");
  scanf("%d%d",&x,&y);
  printf("x=%d  y=%d\n ",x,y);
  t = x; x = y ; y = t ;
  printf("x=%d  y=%d\n ",x ,y);
}
```

程序运行结果如下：

```
Enter  x y:
123  456<CR>
x=123  y=456
x=456  y=123
```

【例 3-7】 使一个 double 类型的数保留两位小数。

```
main()
{double x;
 printf("Enter x:");
 scanf("%lf",&x);
 printf("(1) x=%f\n",x);           /* 输出*/
  x=x*100+0.5;                     /* 四舍五入*/
  x=(int)x;                        /* 取整*/
  x=x/100;                         /* 缩小 100 倍*/
  printf("(2)x=%f\n",x);           /* 输出/
}
```

程序运行结果如下：

```
Enter x:314.56789<CR>
(1) x=314.567890
(2) x=314.570000
```

【**例 3-8**】 从键盘上输入一个大写字母，把它转换成小写字母，然后显示出来。

```c
#include<stdio.h>
main()
{
  char x1,x2;
  printf("x1=?\n");
   scanf("%c",&x1);
   x2=x1+32;
   printf("%c,%c\n",x1,x2);
}
```

运行结果：

```
x1=?
A <CR>
A,a
```

3.5 上 机 实 训

3.5.1 实训目的

（1）掌握 scanf()、printf()、getchar()、putchar()函数的使用方法。

（2）能使用转义字符，对输出的结果进行控制。

（3）掌握各种类型数据的输入/输出的方法，能正确使用各种格式转换符。

3.5.2 实训内容

（1）运行下面程序并分析结果。

```c
#include <stdio.h>
void main()
{
int a,b,c;
char ch1,ch2;
float d,e;
scanf("%2d%3d%d",&a,&b,&c);
scanf("%c%c",&ch1,&ch2);
scanf("%f%f",&d,&e);
printf("a=%d,b=%d,c=%d\n",a,b,c);
printf("ch1=%c,ch2=%c\n",ch1,ch2);
printf("d=%f,e=%f\n",d,e);
}
```

（2）编程输入三角形三边长，求三角形面积。

（3）输入一个摄氏温度，要求输出华氏温度。公式为 f=5/9*c+32。

3.6 习 题

1. 选择题

（1）以下叙述正确的是（ ）。

　A．调用 printf 函数时，必须要有输出项

B．调用 putchar 函数时，必须在之前包含头文件 stdio.h

C．在 C 语言中整数可以以十二进制、八进制或十六进制的形式输出

D．调用 getchar 函数读入字符时，可以在键盘上输入字符所对应的 ASCⅡ码

（2）若定义 a，b 为整形变量，下列不合法的输入语句是（　　　　）。

A．scanf（"%d%d"，a，b）;　　　　　　B．scanf（"%d%d"，&a，&b）;

C．scanf（"%d，%d"，&a，&b）;　　　　D．scanf（"a=%d，b=%d"，&a，&b）;

（3）下列说法错误的是（　　　　）。

A．表达式语句由表达式加上分号 "；" 组成

B．控制语句用于控制程序的流程，以实现程序的各种结构形式

C．把多个语句用花括号 "{}" 括起来组成一个复合语句，复合语句内的各条语句都必须以分号 "；" 结尾，在花括号 "}" 外也必须加分号

D．只有分号 "；" 组成的语句称为空语句，空语句是什么也不执行的语句

（4）若有以下语句：

```
int a1, a2;
char b1, b2;
scanf("%d%c%d%c", &a1, &b1, &a2, &b2);
```

如果为 a1 和 a2 赋数值 10 和 20，为变量 b1 和 b2 赋字符 X 和 Y。以下所示的输入形式正确的是（　　　　）。

A．10_X_20_Y<CR>　　　　　　　　B．10_X20_Y<CR>

C．10_X<CR>　　　　　　　　　　　D．10X<CR>

　　20_Y<CR>　　　　　　　　　　　　20Y<CR>

（5）printf（）函数的格式说明符%8.3f 是指（　　　　）。

A．输出场宽为 7 的浮点数，其中小数位为 3，整数位为 4

B．输出场宽为 11 的浮点数，其中小数位为 3，整数位为 8

C．输出场宽为 8 的浮点数，其中小数位为 3，整数位为 5

D．输出场宽为 8 的浮点数，其中小数位为 3，整数位为 4

（6）语句 "printf("%d,%f\n",30/8,-30/8);" 的输出结果是（　　　　）。

A．3，−3.750000　　　　　　　　　　B．3.750000，−3.750000

C．3，3　　　　　　　　　　　　　　D．3，−3

（7）下列程序段的输出结果是（　　　　）。

```
#include<stdio.h>
void main()
{int a;
float b;
a = 4;
b = 9.5;
printf("a=%d,b=%4.2f\n",a,b);
}
```

A．a=%d，b=%f\n　　　　　　　　　　B．a=%d，b=%f

C．a=4，b=9.50　　　　　　　　　　　D．a=4，b=9.5

（8）下列程序段的输出结果是（　　　）。

```
void main()
{int a=20,b=10;
printf("%d,%%d\n",a+b,a-b);
```

A．30，%d　　　　　　　　　　　　B．30，10
C．30，%10　　　　　　　　　　　　D．以上答案均不正确

（9）下列程序段的输出结果是（　　　）。

```
void main()
{float x=2.5,int y;
y=(int)x;
printf("x=%f,y=%d",x,y)
}
```

A．x=2.500000，y=2　　　　　　　B．x=2.5，y=2
C．x=2，y=2　　　　　　　　　　　D．x=2.500000，y=2.000000

2．填空题

（1）getchar 函数的功能是从终端＿＿＿＿一个字符，putchar 函数的功能是向＿＿＿＿单个字符。

（2）在 printf 函数的格式控制字符串中，除格式说明和转义字符外，其他的提示字符在输出时＿＿＿＿。

（3）复合语句是将多个语句用＿＿＿＿括起来组成一条语句。

（4）有以下程序：

```
#include <stdio.h>
void main()
{ char a,b,c,d;
  scanf("%c,%c,%d,%d",&a,&b,&c,&d);
  printf("%c,%c,%c,%c\n",a,b,c,d);
}
```

若运行时从键盘上输入：6，5，65，66<CR>，则输出结果是＿＿＿＿。

（5）假设变量 a 和 b 均为整型，以下语句可以不借助任何变量把 a，b 中的值进行交换，请填空。

a+= (　　); b=a- (　　); a- = (　　);

（6）以下程序运行后的输出结果是＿＿＿＿。

```
main()
{ char c;
  int n=100;
  float f=10;
  double x;
  x=f*=n/=(c=50);
  printf("%d %f\n",n,x); }
```

（7）以下程序的执行结果是＿＿＿＿。

```
#include <stdio.h>
main()
```

```
{   char c='A'+10;
      printf("c=%c\n",c);
}
```

3. 完形填空

（1）以下程序输入三个整数值赋给 a、b、c，程序把 b 中的值赋给 a，把 c 中的值赋给 b，把 a 中的值赋给 c，然后输出 a、b、c 的值。请填空。

```
#include<stdio.h>
void main()
{
  _____
  int temp;
  printf("Enter a,b,c:");
  scanf("%d%d%d",_____);

  _____
  a = b;
  b = c;

  _____
  printf("a=%d b=%d c=%d\n",a,b,c);
}
```

（2）要得到下列输出结果：

```
    a, b
    A, B
    97, 98, 65, 66
```

请按要求填空，补充以下程序：

```
#include"stdio.h"
void main()
{
  char c1,c2;
  c1 = 'a';
  c2 = 'b';
  printf("  _____",c1,c2);
  printf("%c,%c\n",_____);
    _____;
}
```

4. 编程

（1）假设 m 是一个三位数，则写出 m 的个位、十位、百位，并逆序写出它的三位数（例如，123 逆序为 321）。

（2）用 getchar 函数读入两个字符赋给 c1、c2，然后分别用 putchar 和 printf 函数输出这两个字符。

（3）输入一个矩形的长和宽，计算该矩形的周长和面积。

第4章 分支结构程序设计

所谓分支结构是指程序在运行过程中根据条件有选择性地执行一些语句，故又称为选择结构。分支结构属程序三种基本结构之一。

本章主要内容包括：
- 关系运算符与逻辑运算符
- if 语句
- switch 语句

4.1 关系运算与逻辑运算

4.1.1 关系运算符

关系运算符是双目运算符，用来比较两个运算量之间的关系。关系运算的结果是"真"或"假"，且只能是二者之一。C 语言提供六种关系运算符，它们分别如下。

<	（小于）	<=	（小于或等于）
>	（大于）	>=	（大于或等于）
==	（等于）	!=	（不等于）

前四种关系运算符（<、<=、>、>=）的优先级高于后两种（==、!=）。关系运算符的优先级低于算术运算符，高于赋值运算符。

4.1.2 关系表达式

用关系运算符将两个表达式（可以是算术表达式或关系表达式，逻辑表达式，赋值表达式，字符表达式）连接起来的式子，称关系表达式。关系表达式的值是一个逻辑值，若为"真"，则值为 1，若为 "假"，则值为 0。

例如：a>b, a+b>b+c, （a=3）>（b=5）, 'a'<'b', （a>b）>（b<c）

30>2 为"真"，其值为 1；表达式'A'+1<'D'的值是 1（因为字符 A 的 ASCII 码值加 1 之后小于字符 D 的 ASCII 码值）；表达式 13==9 的值为 0。

int a=10，b=9，c=1，f；f=a>b>c；则 f=0，其中">"运算符是自左至右的结合方向，先执行"a>b"，结果是 1，再执行"1>c"，结果为 0。

4.1.3 逻辑运算符

–5<x<1 数学解释为 x 在（–5，1）之间取值。而 C 语言是先执行–5<x 的值，再用此结果和 1 进行比较。那么在 C 语言中如何表示–5<x<1 这种意义呢？这就需要逻辑运算符。

C 语言提供了三种逻辑运算符，分别如下。

&&（逻辑与）：是双目运算符，当两个运算量都为真（非 0 值）时，运算结果才为真，其他情况运算结果均为假（0）。

||（逻辑或）：是双目运算符，当两个运算量都为假时，运算结果才为假，其他情况运算结果均为真。

!（逻辑非）：是单目运算符，在非 0 值前加逻辑非，运算结果为假，在 0 前加逻辑非，运算结果为真。

运算符优先次序如下

（1）! →&&→||。

（2）逻辑运算符与前面介绍过的运算符的优先次序（由高到低）为逻辑非（!）→算术运算符→关系运算符→逻辑与（&&）运算符→逻辑或（||）运算符→赋值运算符。

4.1.4　逻辑表达式

用逻辑运算符将关系表达式或逻辑量连接起来的式子就是逻辑表达式。逻辑表达式的值应该是一个逻辑量"真"或"假"。任何非零的数值被认作"真"。逻辑运算规则如表 4-1 所示。

表 4-1　　　　　　　　　　　　　　逻 辑 运 算 规 则

a	b	!a	!b	a&&b	a||b
非 0	非 0	0	0	1	1
非 0	0	0	1	0	1
0	非 0	1	0	0	1
0	0	1	1	0	0

设 a=4，b=5，则有

!a 的值为 0。

a&&b 的值为 1。

a||b 的值为 1。

!a||b 的值为 1。

4&&0||2 的值为 1。

例如，5>3&&8<4–!0。先算 5>3 逻辑值为 1，!0 逻辑值为 1，然后 4–1 值为 3，8<3 逻辑值为 0，最后 1&&0 逻辑值为 0，表达式结果为 0。

在逻辑表达式的求解中，并不是所有的逻辑运算符都要被执行。例如：

（1）a&&b&&c：只有 a 为真时，才需要判断 b 的值，只有 a 和 b 都为真时，才需要判断 c 的值。

（2）a||b||c：只要 a 为真，就不必判断 b 和 c 的值，只有 a 为假，才判断 b。a 和 b 都为假才判断 c。

如（m=a>b）&&（n=c>d）。当 a=1，b=2，c=3，d=4，m 和 n 的原值为 1 时，由于"a>b"的值为 0，因此 m=0，而"n=c>d"不被执行，因此 n 的值不是 0 而仍保持原值 1。

【例 4-1】 逻辑运算应用实例。

```
#incldue <stdio.h>
void main()
```

```
{
    int i=1,j=2,k=3;
    int n1,n2,n3;
    float x=3.0,y=0.85;
    n1=x&&j<i;
    n2=x+y||i+j-k;
 printf("%d,%d\n",n1,n2);}
```

程序运行结果：

　0, 1

4.2　if　语　句

【案例 4-1】 计算分段函数：

$$y = \begin{cases} 3-x & x \leqslant 0 \\ \dfrac{2}{x} & x > 0 \end{cases}$$

解题的步骤如下。

案例分析　这个程序不像前面的程序那样，按照语句的书写顺序一步步执行下去，而是根据所给条件的真假，选择两者其中之一执行。该程序执行的过程是：输入 x，如果 x≤0，则执行 3−x 语句，否则，如果 x>0 就跳过语句 3−x 执行语句 2/x，如图 4-1 所示。C 语言用来设计条件选择结构程序的选择语句有两种——if 语句和 switch 语句。

案例实现：

```
main()
{ int x,y;
  scanf("%d",&x);
  if(x<=0)y=3-x;
  else y=2/x;
  printf("%d",y);
}
```

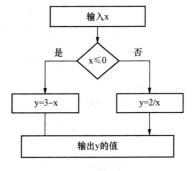

图 4-1　［案例 4-1］流程图

4.2.1　if 语句的三种形式

if 语句有三种形式：单分支选择 if 语句、双分支选择 if 语句、多分支选择 if 语句。

1. if 语句的第一种形式

格式：if（表达式）〈语句〉

功能：首先计算表达式的值，若表达式的值为"真"（为非 0），则执行语句。若表达式的值为"假"（为 0），则直接转到此 if 语句的下一条语句去执行。其流程图如图 4-2 所示。

例如：if(x>y)
　　　printf(" %d ",x);

【例 4-2】 从键盘输入两个整数 a 和 b，如果 a 大于 b 则交换两数，最后输出两个数。

```
#include <stdio.h>
void main()
```

```
{int a,b,t;
   scanf("%d,%d",&a,&b);
        if(a>b) {t=a;a=b;b=t;}
        printf("a=%d,b=%d\n",a,b);
}
```

2. if 语句的第二种形式

格式：if（表达式）〈语句 1〉

　　else〈语句 2〉

功能：首先计算表达式的值，若表达式的值为"真"（为非 0），则执行语句 1。若表达式的值为"假"（为 0），则执行语句 2。其流程图如图 4-3 所示。

例如：if(x>y)
```
printf("%d",x);
else
printf("%d",y);
```

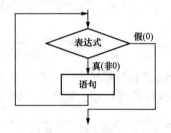

图 4-2　if 语句的第一种形式流程图

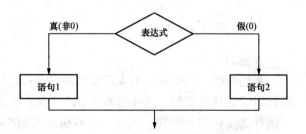

图 4-3　if 语句的第二种形式流程图

【例 4-3】　输入两个整数，输出其中较大的数。

```
#include <stdio.h>
void main()
{int x,y,max;
scanf("%d,%d",&x,&y);
if(x>y) max=x;
   else max=y;
printf("max=%d\n",max);
}
```

 注 意

　　if 语句自动结合一条语句，当满足条件需要执行多条语句时，应用一对大括号{}将需要执行的多条语句括起来，形成一个复合语句。

3. if 语句的第三种形式

格式：

if（表达式 1）〈语句 1〉

else if（表达式 2）〈语句 2〉

else if（表达式 3）〈语句 3〉

　　　…

else if（表达式 *n*）〈语句 *n*〉

else <语句 *n*+1>

功能：首先计算表达式的值，若前 *n*–1 个表达式的值为"假"（为 0），但第 *n* 个表达式的值为"真"（为非 0），则执行语句 *n*，若所有表达式的值都为"假"（为 0），则执行语句 *n*+1。其流程图如图 4-4 所示。

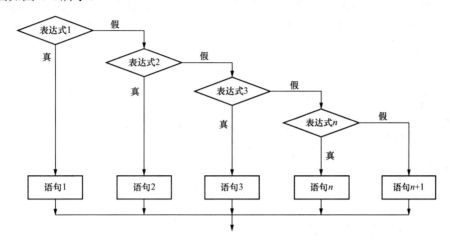

图 4-4 if 语句的第三种形式流程图

【例 4-4】 随机输入一个字符，判别该字符的类别。

```c
#include <stdio.h>
void main()
{   char c;
    printf("input a character:");
    c=getchar();
    if(c>='0'&&c<='9')
        printf("This is a digit.\n");
      else if(c>='a'&&c<='z')
            printf("This is a small letter.\n");
        else if(c>='A'&&c<='Z')
                printf("This is a capital letter.\n");
              else
                printf("This is an other character.\n");
}
```

注 意

（1）if 后面的<表达式>一定要有括号。

（2）if 和 else 同属于一个 if 语句，else 不能作为语句单独使用，它只是 if 语句的一部分，与 if 配对使用，因此程序中不可以没有 if 而只有 else。

（3）只能执行与 if 有关的语句或者执行与 else 有关的语句，而不可能同时执行两者。

（4）如果两个分支中需要执行的语句不止一条，必须用"{}"括起来，作为一个复合语句使用。若只是一条语句，"{}"可以省略。如果<语句 1>和<语句 2>是非复合语句，那么该语句一定要以分号结束。

（5）if 语句的表达式可以是任意类型的 C 语言的合法的表达式，但计算结果必须为整型、字符型或浮点型之一。

4.2.2　if 语句的嵌套

在一个 if 语句中又包含另一个 if 语句，从而构成了 if 语句的嵌套使用。内嵌的 if 语句既可以嵌套在 if 子句中，也可以嵌套在 else 子句中。

一般形式如下。

```
（1）if()
        if()<语句1>
        else <语句2>
    else
        if()<语句3>
        else <语句4>
（2）if()
        if()<语句1>
        else
            if()<语句2>
            else <语句3>
```

说明：

（1）if 与 else 的配对关系，从最内层开始，else 总是与离它最近的未曾配对的 if 配对。

（2）if 与 else 的个数相同，从内层到外层一一对应，以避免出错。

（3）如果 if 与 else 的个数不相同，可以用花括号来确定配对关系。例如：

```
        if()
            {if()<语句1>}
        else
            <语句2>
```

这时 { } 限定了内嵌 if 语句的范围，因此 else 与第一个 if 配对。

【例 4-5】　有一函数：

$$y = \begin{cases} -1 & (x < 0) \\ 0 & (x = 0) \\ 1 & (x > 0) \end{cases}$$

编一程序，输入一个 x 值，对应输出 y 值。

```
#include<stdio.h>
void main()
{
  int x,y;
  scanf("%d",&x);
  {
    程序段
  }
printf("x=%d,y=%d\n",x,y);
}
```

上例中的程序段有四个，请判断哪个是正确的。

程序 1：

```
if(x<0)
    y=-1;
else
    if(x==0)y=0;
        else y=1;
```

程序 2：

```
if(x>=0)
    if(x>0)y=1;
        else y=0;
else    y=-1;
```

程序 3：

```
y=-1;
 if(x!=0)
  if(x>0) y=1;
      else y=0;
```

程序 4：

```
y=0;
if(x>=0)
if(x>0) y=1;
    else y=-1;
```

【例 4-6】 编写程序，根据输入的学生成绩，给出相应的等级。90 分以上的等级为 A，60 分以下的等级为 E，其余每 10 分一个等级。程序如下：

```
    #include"stdio.h"
main()
{   int g;printf("input g:");
        scanf("%d",&g);
        printf("g=%d:  ",g);
        if(g>=90)
            printf("A\n");
        else if(g>=80)
            printf("B\n");
            else if(g>=70)
                    printf("C\n");
                else if(g>=60)
                        printf("D\n");
                    else
                    printf("E\n");
    }
```

分析：当执行以上程序时，首先输入、输出学生的成绩，然后进入 if 语句。if 语句中的表达式将依次对学生成绩进行判断。若能使某 if 后的表达式值为 1，则执行与其相应的子句，之后便退出整个 if 结构。例如，若输入的成绩为 78 分，首先输出"g=78:"，当从上至下逐一检测时，使 g≥70 这一表达式的值为 1，因此在输出"g=78:"之后再输出 C，便退出整个 if 结构。若输入的成绩为 30 分，首先输出相应成绩"g=30:"，其次进入相应判断，最后再输出相应等级"E"，便退出整个 if 结构。

4.2.3　if 语句与条件运算符

如果 if 语句的形式如下所示：

```
if(表达式 1)
    x=<表达式 2>;
else
    x=<表达式 3>;
```

无论表达式 1 为"真"还是为"假"，都只执行一个赋值语句且给同一个变量赋值。可以利用条件运算符，将这种语句简单地用如下语句来表示。

　　x=<表达式 1>?<表达式 2>:<表达式 3>;

条件运算符是一个三目运算符，它有三个参与运算的量。由条件运算符组成条件表达式的一般形式为：

表达式 1? 表达式 2：表达式 3

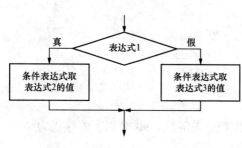

图 4-5　条件表达式的执行过程

求值规则是：如果表达式 1 的值为真，则以表达式 2 的值作为整个条件表达式的值；如果表达式 1 的值为假，则以表达式 3 的值作为整个条件表达式的值。执行过程如图 4-5 所示。

说明：

（1）若在 if 语句中，当被判别的表达式的值为"真"或"假"时，都执行一个赋值语句且向同一个变量赋值时，可以用一个条件运算符来处理。

（2）条件运算符优先级高于赋值运算符，低于关系运算符和算术运算符。

（3）条件运算符的结合方向为"自右至左"。

例如：

```
if(a>b)max=a;
    else  max=b;
```

当 a>b 时将 a 的值赋给 max，当 a≤b 时将 b 的值赋给 max。

可以看到，无论 a>b 是否满足，都是向同一个变量赋值。

可以用下面的条件运算符来处理：

```
max=(a>b)?a：b;
```

例如：

```
x= a>b? a :(c>d ? c :d)
```

当 a=1 b=2 c=3 d=4 时 x=4。

4.3　switch　语　句

【案例 4-2】　要求按照考试成绩的等级输出百分制分数段。

案例分析　if 语句一般适用于两个分支供选择的情况，即在两个分支中选择其中一个执行。尽管可以通过 if 语句的嵌套形式来实现多路选择的目的，但这样做的结果使得 if 语句的嵌套层次太多，降低了程序的可读性。如［案例 4-2］的 if 实现中有多达 5 个分支。为此 C 语言提供了实现多路分支的另一个语句 switch，称为开关语句。

案例实现　用 switch 语句实现［案例 4-2］

```
switch(grade)
{case 'A'：printf("85~100\n");break;
  case'B'：printf("70~84\n");break;
  case'C'：printf("60~69\n");break;
  case'D'：printf("<60\n");break;
```

```
default：  printf("error\n");
}
```

当分支条件有非常强的规律性，并且条件较多时，宜用 switch 语句。

switch 语句的一般格式是：

```
switch(条件表达式)
{
    case 常量 1:{ 语句块 1;break;}
    case 常量 2:{ 语句块 2;break;}
    ...
    case 常量 n:{ 语句块 n;break;}
   default:语句块 n+1;
}
```

switch 语句的执行过程是：首先计算 switch 后面圆括号内表达式的值，若此值等于某个 case 后面的常量表达式的值，则转向该 case 后面的语句去执行。若表达式的值不等于任何 case 后面的常量表达式的值，则转向 default 后面的语句去执行。如果没有 default 部分，则将不执行 switch 语句中的任何语句，而直接转到 switch 语句后面的语句去执行。其流程图如图 4-6 所示。

说明：

（1）switch 后面圆括号内的表达式的值和 case 后面的常量表达式的值，都必须是整型的或字符型的，不允许是浮点型的。

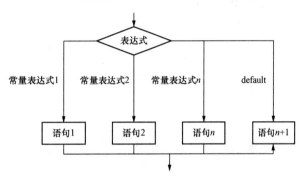

图 4-6　switch 语句的流程图表示

（2）同一个 switch 语句中的所有 case 后面的常量表达式的值都必须互不相同。

（3）switch 语句中的 case 和 default 的出现次序是任意的，也就是说 default 也可以位于 case 的前面，且 case 的次序也不要求按常量表达式的大小顺序排列。

（4）由于 switch 语句中的"case 常量表达式"部分只起语句标号的作用，而不进行条件判断，所以，在执行完某个 case 后面的语句后，将自动转到该语句后面的语句去执行，直到遇到 switch 语句的右花括号或 break 语句为止，而不再进行条件判断。

例如：

```
switch(n)
{
  case 1:
      x=1;
  case 2:
      x=2;
}
```

当 n=1 时，将连续执行下面两个语句：

```
x=1;
x=2;
```

所以在执行完一个 case 分支后，一般应跳出 switch 语句，转到下一条语句执行。这样可在一个 case 的结束后，下一个 case 开始前，插入一个 break 语句，一旦执行到 break 语句，将立即跳出 switch 语句。例如：

```
switch(n)
    {
        case1:
                x=1;
                break;
        case2:
                x=2;
                break;
    }
```

（5）每个 case 的后面既可以是一条语句，也可以是多条语句。当是多条语句的时候，也不需要用花括号括起来。

（6）多个 case 的后面可以共用一组执行语句。例如：

```
switch(n)
    {
    case 1:
    case 2:  x=10;
            break;
                ...
    }
```

它表示当 n=1 或 n=2 时，都执行下列两个语句：

```
x=10;
break;
```

【例 4-7】 一年四季，按农历一般规定 1～3 月为春季，4～6 月为夏季，7～9 月为秋季，10～12 月为冬季。编写程序，实现当输入农历月份（1～12）时，输出对应的季节。

本题设两个整型变量 month、season，分别表示月份和季节，对应关系见表 4-2。

表 4-2 　　　　　　　　　　　　　　[例 4-7]农历月份与季节对应关系

month 取值	season 值	month 取值	season 值
当取 1、2、3 时	1	当取 7、8、9 时	3
当取 4、5、6 时	2	当取 10、11、12 时	4

由此得出分支表达式为 season =（month−1）/3+1。

```
void main()
{
  int month,season;
  printf("\n 请输入月份:");
  scanf("%d",&month);
  if(month >= 1 && month <= 12)
    {
      season =(month - 1)/ 3 + 1;
      switch(season)
```

```
    {
        case 1:peintf("春季!\n");break;
        case 2:peintf("夏季!\n");break;
        case 3:peintf("秋季!\n");break;
        default:peintf("冬季!\n");break;
    }
  }
  else
    printf("输入非法!\n");
}
```

4.4 选择结构程序设计举例

【例 4-8】 将任意三个整数按从大到小的顺序输出。

```
#include "stdio.h"
void main()
{int x,y,z,t;
  scanf("%d,%d,%d",&x,&y,&z);
  if(x<y){t=x;x=y;y=t;}              /*交换 x,y 的值*/
  if(x<z){t=x;x=z;z=t;}              /*交换 x,z 的值*/
  if(y<z){t=y;y=z;z=t;}              /*交换 y,z 的值*/
  printf("%d,%d,%d\n",x,y,z);
}
```

【例 4-9】 给一个不多于四位的正整数，求出它是几位数，逆序打印出各位数字。

```
#include "stdio.h"
void main()
{int x,a,b,c,d;                     /*a,b,c,d 代表千位、百位、十位、个位*/
  scanf("%d",&x);
  a=x/1000;
  b=x%1000/100;
  c=x%100/10;
  d=x%10;                           /*分解出千位、百位、十位、个位*/
  if(a!=0)printf("4:%d%d%d%d\n",d,c,b,a);
  else if(b!=0)printf("3:%d%d%d\n",d,c,b);
  else if(c!=0)printf("2:%d%d\n",d,c);
  else if(d!=0)printf("1:%d\n",d);}
```

【例 4-10】 解方程 $ax^2+bx+c=0$。流程图如图 4-7 所示。
从代数知识可知：
（1）若 $b^2-4ac>0$，有两个不等的实根；
（2）若 $b^2-4ac=0$，有两个相等的实根；
（3）若 $b^2-4ac<0$，有两个虚根。

```
#include<stdio.h>
#include<math.h>
main()
{
  float a,b,c,delta,x1,x2,realpart,imagepart;
```

```
printf("请输入 a,b,c:");
scanf("%f,%f,%f",&a,&b,&c);
if(fabs(a)<=1e-6)
    printf("这是一次方程,x=%f\n",-c/b);
else
  {delta=b*b-4*a*c;
    if(fabs(delta)<=1e-6)
      printf("方程有两个相等的实根:x1,x2=%8.4f\n",-b/(2*a));
    else if(delta>1e-6)
    {
        x1=(-b+sqrt(delta))/(2*a);
        x2=(-b-sqrt(delta))/(2*a);
        printf("有两个不等的实根:x1=%8.4f 和 x2=%8.4f\n",x1,x2);
    }
    else
      {
          realpart=-b/(2*a);
          imagepart=sqrt(-delta)/(2*a);
          printf("有两个虚根:");
      printf("%8.4f+%8.4fi\n",realpart,imagepart);
      printf("%8.4f-%8.4fi\n",realpart,imagepart);
      }
  }
}
```

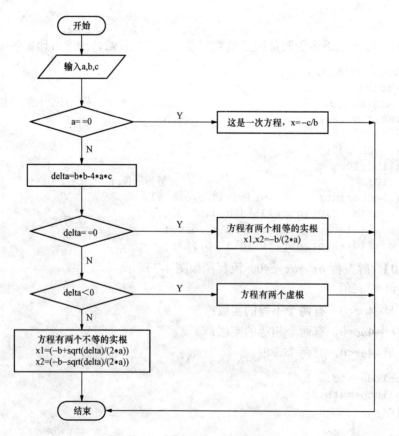

图 4-7 ［例 4-10］的流程图

运行结果：

请输入 a，b，c：3.0，4.0，5.0

有两个虚根：

$\qquad$ −0.6667+1.1055i

$\qquad$ −0.6667−1.1055i

说明：

（1）本例中，用到了标准库函数 fabs()求绝对值，sqrt()求平方根。它们的函数原型都在头文件 math.h 中，所以将 math.h 包括进来。

（2）由于实型数据有效位数的特点，当实型数据小于一个非常小的数（如 1e-6），则认为这个实数等于零。

（3）计算机中没有复数，所以要输出复数形式，只能通过在输出格式中输出 i 来解决。

4.5　上　机　实　训

4.5.1　实训目的

（1）掌握关系、逻辑和条件运算符及表达式的求值规则。

（2）掌握选择基本结构和执行过程。

（3）掌握选择语句的嵌套使用和执行过程。

（4）掌握 switch 语句的正确格式和求值规则。

（5）能熟练地使用选择结构解决实际问题。

4.5.2　实训内容

（1）仔细阅读以下程序，指出程序的运行结果。

```
#include<stdio.h>
main()
{ int a ,b ;
 a = b = 5 ;
  if(a==1)
   if(b==5)
   {a+=b ;
    printf("a=%d\n ",a);
    }
   else
  {a-=b ;
   printf("a=%d\n",a);
   }
printf("a+b=%d",a+b);
  }
```

思考：如果将第 5 行去掉或改为 if（a= =5），结果是否一样？

（2）下面是求三个数的最小值。进一步考虑求四个数、五个数及更多的数的最小值及最大值。

```
#include<stdio.h>
 main()
```

```
{ int a1 ,a2 ,a3 ,min ;
  scanf("%d,%d,%d",&a1,&a2,&a3);
  min = a1 ;
  if(a2<min)min = a2 ;
  if(a3<min)min = a3 ;
  printf("最小值为:%d\n",min);
  }
```

思考：要求出最大值，是否将 min 改为 max 就可以了？关键应改什么地方？

（3）输入三角形的三条边，求三角形的面积。（考虑输入边长是否能形成三角形）

4.6　习　　　题

1. 选择题

（1）表达式 66!=199 的值是（　　　）。

　　A. ture　　　　　　　　B. flase　　　　　　　C. 0　　　　　　　　　D. 1

（2）为表示关系 x>y≥z 应使用的 C 语言表达式是（　　　）。

　　A. x>y&&y>=z　　　　　　　　　　　　B. x>yANDy>=z

　　C. x>y>=z　　　　　　　　　　　　　　D. x>y&y>=z

（3）以下关于逻辑运算符两侧运算对象的叙述中正确的是（　　　）。

　　A. 只能是整数 0 或 1　　　　　　　　　B. 可以是任意合法的表达式

　　C. 只能是关系表达式　　　　　　　　　D. 只能是整数或非 0 整数

（4）设有定义"int a=2，b=3，c=4；"，则以下选项中，值为 0 的表达式是（　　　）。

　　A. a&&b　　　　　　　　　　　　　　　B.（a>b）&&!c||1

　　C.（!a==1）&&（!b==0）　　　　　　　D. a||（b+b）&&（c-a）

（5）下面的程序运行结果是（　　　）。

```
#include<stdio.h>
void main()
{
  int a=2,b=1,c=3;
  if(a<b)
    if(b==1)c=0;
      else  c+=1;
  printf("%d\n",c);
}
```

　　A. 0　　　　　　　　　B. 1　　　　　　　　　C. 3　　　　　　　　　D. 4

（6）下列表达式中，（　　　）不满足"当 x 的值为偶数时值为真，为奇数时值为假"的要求。

　　A. x%2==0　　　　　　　　　　　　　　B. !x%2!=0

　　C.（x/2*2-x）==0　　　　　　　　　　D. !（x%2）

（7）C 语言对嵌套 if 语句的规定是：else 总是与（　　　）。

　　A. 其之前最近的 if 配对

　　B. 第一个 if 配对

　　C. 缩进位置相同的 if 配对

D. 其之前最近的且尚未配对的 if 配对

（8）设：int a=1，b=2，c=3，d=4，m=2，n=2；执行（m=a>b）&&（n=c>d）后 n 的值为（　　）。

    A. 1　　　　　　　B. 2　　　　　　　C. 3　　　　　　　D. 4

（9）下述表达式中，（　　）可以正确表示 x≤0 或 x≥1 的关系。

    A.（x>=1）||（x<=0）　　　　　　B. x>=1|x<=0

    C. x>=1 && x<=0　　　　　　　D.（x>=1）&&（x<=0）

（10）以下程序输出结果是（　　）。

```
main()
{ int x=1,y=0,a=0,b=0;
switch(x)
{
case 1:switch(y){case0:a++ ;break;
                 case1:b++ ;break;
                      }
case 2:a++;b++;break;
case 3:a++;b++;
 }
printf("a=%d,b=%d",a,b);
}
```

    A. a=1，b=0　　　B. a=2，b=1　　　C. a=1，b=1　　　D. a=2，b=2

2. 填空题

（1）已知"char ch='$';int i=1,j;"，执行 j=!ch&& i++以后，i 的值为_____。

（2）关系表达式"12<x<60 或 x<0"的 C 语言表达式为_____。

（3）执行如下程序段后，a，b，c 的值分别是_____，_____和_____。

```
int a=5,b=7,c=9;
if(a>c||b<—c)b=a;a=c;c=b;
```

（4）下边程序段输出是_____。

```
int a=2,b=3,c=4;
 if(c=a+b)
 printf("OK!");
 else printf("NO!");
```

（5）下面程序的运行结果是_____。

```
#include <stdio.h>
 void main()
 { int n=0,m=1,x=2;
  if(!n)x-=1;
  if(--m)x-=2;
  if(x)x-=3;
     printf("%d\n",x);
   }
```

（6）下面程序段的输出结果是_____。

```
int n='c';
switch(n++)
{
  default:printf("error");break;
  case 'a':
  case 'b':printf("good");break;
  case 'c':printf("pass");
  case 'd':printf("warn");
}
```

（7）下边程序段执行后 a=_____。

```
int a;
if(3 && 2) a = 1;
else a = 2;
```

（8）下边程序段执行后 b=_____。

```
int a = 1,b;
switch(a)
{
  case 1:a = a + 1;b = a;
  case 2:a = a + 2;b = a;
  case 3:a = a + 3;b = a;break;
  case 4:a = a + 4;b = a;
}
```

（9）下边程序执行后，输出结果是_____。

```
void main()
{
  int x = 5;
  if(x > 5)printf("%d",x > 5);
  else if(x == 5)
  printf("%d",x == 5);
  else
  printf("%d",x < 5);
}
```

（10）下边程序执行后，c=_____。

```
void main()
{
int a = 1,b = -1,c;
if(a * b > 0)c = 1;
  else if(a * b < 0)
        c = 2;
    else c = 3;
  printf("%d",c);
}
```

3. 完形填空

（1）从键盘任意输入两个整数，根据提示输入计算结果，判断结果是否正确，请填写缺少的 C 语言语句。

```
# include <stdio.h>
main()
{int a,b,c,d;
scanf("%d,%d",&a,&b);
printf("\n%d+%d=?",a,b);
scanf("%d",&d);
c=a+b;
if(____)printf("回答正确\n");
else printf("回答错误\n");
}
```

（2）下面程序运行时，输入正数输出为 1，输入负数输出为 -1，输入 0 输出为 0。请填写缺少的 C 语言语句。

```
#include <stdio.h>
void main()
{
int x,y;
scanf("%d",&x);
y=0;
_____
if(x>0)y=1;
else y=-1;
printf("%d\n",y);
}
```

（3）以下程序输出 x，y，z 三个数中的最小值，请填空使程序完整。

```
  main()
  { int x=4,y=5,z=8;
int u,v;
u = x<y ? _____;
v = u<z ? _____;
printf("%d",v);
  }
```

（4）以下程序判断输入的整数能否被 3 或 7 整除。

```
  main()
  {int x,f=0;
  scanf("%d",&x);
  if(    _____    )
  (    _____    )
  if(f==1) printf("YES\n");
    else  printf("NO\n");
}
```

4. 编程

（1）输入三个互不相等的实数，输出中间大小的那个数。如 12、56、45，则中间数为 45。

（2）输入一个字符，判断它是否为大写字母，是则转换成小写。

（3）计算某年某月有几天。其中判别闰年的条件是：能被 4 整除但不能被 100 整除的年是闰年，能被 400 整除的年也是闰年。

第5章 循环结构程序设计

循环，就是在给定的条件成立时反复执行某一程序段，被反复执行的程序段称为循环体。循环结构是结构化程序设计的基本结构之一，它和顺序结构、选择结构共同作为各种复杂程序的基本构造单元。循环语句可以使计算机反复执行某些语句，从而解决需要进行的大量重复处理，提高编程的效率。

在 C 语言中，能用于循环结构的流程控制语句有四种：

（1）while 语句。

（2）do-while 语句。

（3）for 语句。

（4）goto 语句。

其中，if…goto 是通过编程（if 语句和 goto 语句组合）构成循环功能。但是 goto 语句会影响程序流程的模块化，使程序可读性差。所以 C 语言中虽然保留了 goto 语句，但是建议在程序中尽量不要使用它。

本章主要内容包括：

- 三种循环语句
- 循环的嵌套

5.1 while 语 句

【案例 5-1】 $y = \sum_{n=1}^{10} n$

案例分析 该案例是求和 $sum=1+2+3+\cdots+10$，用 sum 表示累加和。

案例实现

```
main()
{ int  sum=0;
  sum=1+2+3+4+5+6+7+8+9+10;
  printf("sum is %d",sum);
}
```

【案例 5-2】 求 1 到 100 的和。

案例分析 如果再套用［案例 5-1］方法很麻烦，为此 C 语言提供了循环控制语句来解决。用 sum 表示累积和，用 i 表示加数。循环体有两条语句，sum=sum+i 实现累加；i++使加数 i 每次增加 1，这是改变循环条件的语句，否则循环不能终止，成为"死循环"。循环条件是当 i 小于或者等于 100 时，执行循环体，否则跳出循环，执行循环语句的下一条语句（printf 语句）以输出结果。

案例实现

```
#include <stdio.h>
 void main()
   {int i,sum=0;
   i=1;
   while(i<=100)
    { sum=sum+i;
      i++;
      }
    printf("%d\\n",sum);
}
```

while 语句用来实现"当型"循环结构，其特点是：先判断循环条件，后执行循环体语句。其一般形式为：

```
while(条件)
   {
      循环体语句组;
   }
```

其语义是：先判断循环条件，如果循环条件成立（值为非 0），执行循环体语句。当循环条件不成立（值为 0）时，退出循环体，执行后继语句。

while 语句的流程图如图 5-1 所示。

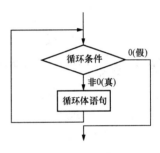

图 5-1 while 语句的流程图

 注 意

（1）循环体如果包含一个以上的语句，应该用花括号括起来，以复合语句形式出现。

（2）在循环体中应有使循环趋向于结束的语句。如果无此语句，则 i 的值始终不改变，循环永不结束。

【例 5-1】 输入一系列整数，判断其正负号，当输入 0 时，结束循环。

```
#include "stdio.h"
void main()
{ float x;
scanf(" %f ",&x);          /*输入数据,为第一次判断做准备*/
while(x!=0)                 /*判断是否输入结束*/
{ if(x>0) printf(" + ");
else     printf(" - ");
scanf(" %f ",&x);
}
}
```

【例 5-2】 统计从键盘输入的一行字符的个数（以"回车"键作为输入结束标记）。

```
#include "stdio.h"
void main()
{char ch;int num=0;
```

```
    ch=getchar();
    while(ch!='\n')      /*判断是否输入结束*/
    {num++;
    ch=getchar();
    }
 printf("num=%d\n",num);
}
```

注 意

（1）表达式在判断前，必须要有明确的值。
（2）循环体中一般有改变条件表达式的语句。
（3）while（表达式）后面没有分号。

课堂练习：求和 s=1+1/2+1/3+…1/10

5.2 do–while 语 句

do-while 语句是一种与 while 循环相差不大的循环语句。因为它把判断循环条件的位置放在了循环体后，所以又称为直到型循环。这种循环语句的格式是：

```
    do
    {
     循环体语句组;
    } while(条件);
```

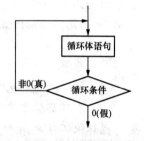

其语义：先执行一次循环体语句，再判断循环条件，如果循环条件成立（值为非 0），将返回继续执行循环体语句。如此反复，直到循环条件不再成立（值为 0），此时退出循环体，执行循环后面的语句。do-while 语句的执行流程图如图 5-2 所示。

【例 5-3】 用 do-while 语句实现［案例 5-2］。

图 5-2 do-while 循环执行过程

```
 #include "stdio.h"
 main()
 { int sum=0,i=1;          /*若 sum 的值超过 int 型变量能表示的范围,则设置成长整型*/
   do
   { sum+=i;
       i++;
   } while(i<=100);
   printf("其和是 %d\n",sum);    /*若 sum 的值为长整型,则相应的输出也设置成长整型 ld*/
 }
```

说明：

（1）用 while 语句和用 do-while 语句处理同一问题时，若二者的循环体部分一样，其结果也一样。但在 do-while 语句中，若 while 后面的表达式一开始就为假（0）时，则先执行循环体，然后转向循环体下面的语句执行，这和 while 循环是不同的。

（2）如果 do-while 语句的循环体部分是多个语句组成，则必须用左右花括号括起来，使其形成复合语句。

5.3　for　循　环

C 语言中的 for 语句使用最为灵活，不仅可以用于循环次数已经确定的情况，而且可以用于循环次数不确定而只给出循环结束条件的情况，它完全可以代替 while 语句。

【案例 5-3】　求 5!，并显示结果。

案例分析　此程序求 1×2×3×4×5 的积，累乘与累加注意初始值的设置。

案例实现

```
#include <stdio.h>
void main()
{
int  i,s = 1;
for(i = 1;i <= 5 ;i++)
  {
  s = s *i;
  }
  printf("\ns = %d",s);
}
```

程序中出现了新语句 for。for 这个单词在英语中的意思是"对于"。可以这样解释：对于 i 从 1→5，每次自增 1，反复执行 s=s*i。

for 语句的一般形式

for 语句的格式：for（表达式 1；表达式 2；表达式 3）〈语句〉

下面用便于理解的方式表示 for 语句：

for（初始表达式；循环条件；增值表达式）

　　　循环体语句

执行过程中，其语义是：求解初始表达式，判断循环条件。如果循环条件成立（值为非 0），执行循环体语句，然后求解增值表达式，再判断循环条件。如此反复，直到循环条件不再成立（值为 0），此时退出循环结构，执行循环语句后面的语句。for 结构流程图如图 5-3 所示。

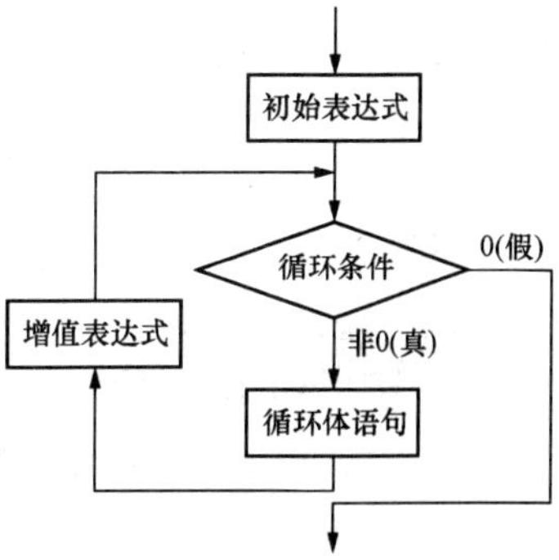

【例 5-4】　用 for 语句实现［案例 5-2］。

```
 main()
{
  int i,s=0;
  for(i=1;i<=100;i++)
  s=s+i;
  printf("s=%d",s);
}
```

图 5-3　for 循环的执行过程

课堂练习：计算 10 的阶乘 10!=1×2×3×…×10。

5.4　循　环　的　嵌　套

在循环体语句中又包含有另一个完整的循环结构的形式，称为循环的嵌套。如果内循环体中又有嵌套的循环语句，则构成多重循环。

嵌套在循环体内的循环体称为内循环，外面的循环称为外循环。

while、do-while、for 三种循环都可以互相嵌套。

5.4.1 几种循环嵌套的使用形式

（1）while()	（2）do	（3）for(;;)
{…	{…	{…
while()	do	for(;;)
{…}	{…}	{…}
}	while();	}
	}	
	while();	
（4）while()	（5）for(;;)	（6）do
{…	{…	{…
do	while()	for(;;)
{…}	{…}	{}
while();	}	…
…		}
}		while();

> **注 意**
>
> 使用循环嵌套时，一个循环结构完整地嵌套在另一个循环体中，不允许循环体交叉。嵌套的外循环和内循环的循环控制变量不得重名。

5.4.2 for 循环的嵌套

【案例 5-4】 打印如下形式的乘法小九九表。

```
1*1=1
2*1=2  2*2=4
...
9*1=9  9*2=18 9*3=27 …9*9=81
```

案例分析 表体共九行，所以首先考虑一个打印九行的算法：

```
for(i=1;i<=9;i++)
{ 打印第 i 行}
```

其次考虑如何"打印第 i 行"。每行都有 i 个表达式，可以写为：

```
for(j=1;j<= i;j++)
{ 打印第 j 个表达式}
```

打印第 j 个表达式，可写为：

```
printf("%d*%d=%-3d",i,j,i*j);
```

在写这个语句时，不写换行，只能在第 j 个表达式输出后写一个语句使之换行。

```
printf("\n");
```

案例实现

```c
#include "stdio.h"
```

```
main()
{ int i,j;                  /* i,j 分别控制行和列的输出*/
for(i=1;i<=9;i++)
  { for(j=1;j <= i;j++)
     printf("%d*%d=%-3d",i,j,i*j);
     printf("\n");           /*另起一行*/
  }
}
```

当外循环控制变量每确定一个值时，内循环的控制变量就要从头至尾的循环一遍。

【例 5-5】　双循环程序举例。

```
main()
{ int x,y;
for(x=1;x<=2;x++)
for(y=1;y<=3;y++)
printf("x=%d,y=%d\n",x,y);
}
```

　注　意

　外循环控制行数，内循环控制每行内容。

运行结果：

```
x=1, y=1
x=1, y=2
x=1, y=3
x=2, y=1
x=2, y=2
x=2, y=3
```

5.5　break 语句和 continue 语句

5.5.1　break 语句

【案例 5-5】计算 $r=1 \sim r=10$ 的圆面积，直到 $s>100$ 为止。

案例分析　当 $s>100$ 时，提前终止循环，即不再继续执行其他语句。

案例实现

```
#define  PI  3.1415926
  main()
 { int r;float s;
    for(r=1;r<=10;r++)
    { s=PI*r*r;
     if(s>100)break;
    }
    printf("s=%f",s);
  }
```

格式：break；

功能：该语句可以使程序运行时中途退出一个循环体。

说明：在几种循环结构中，主要是在循环次数不能预先确定的情况下使用 break 语句，在循环体中增加一个分支结构。当某个条件成立时，由 break 语句退出循环体，从而结束循环过程。

说明：

（1）break 语句不能用于循环语句和 switch 语句之外的任何其他语句。

（2）在多重循环的情况下，使用 break 语句时，仅仅退出包含 break 语句的那层循环体，即 break 语句不能使程序控制退出一层以上的循环。

5.5.2 continue 语句

【案例 5-6】 输出 100～200 中不能被 7 整除的数。

案例分析 当数能被 7 整除的时候，程序并不停止，而是判断下一个数。

案例实现

```
main()
{  int n;
   for(n=100;n<=200;n++)
  {  if(n%7==0)
     continue; printf("%d",n);
   }
 }
```

当 n 能被 7 整除时，执行 continue 语句，结束本次循环，即跳过 printf 语句。只有当 n 不能被 7 整除时，才执行 printf 函数。

格式：continue；

功能：结束本次循环，即跳过 continue 语句下面尚未执行的语句，继续进行下一次循环。

说明：continue 语句只结束本次循环，而不是终止整个循环的执行。而 break 语句则是结束循环，不再进行条件判断。两种语句和执行流程图分别如图 5-4 和图 5-5 所示。

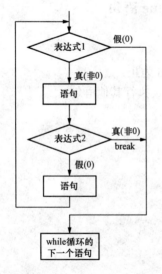

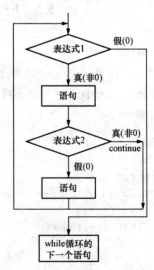

图 5-4 break 语句在循环体中的执行流程图   图 5-5 continue 语句在循环体中的执行流程图

5.6 循环结构程序设计举例

【例 5-6】 公鸡一只 5 元；母鸡一只 3 元；小鸡一元 3 只。百钱买百鸡，问公鸡、母鸡、小鸡各几个？

算法：不定方程问题。设 x、y、z 分别表示公鸡、母鸡、小鸡三个量，则 x 最多为 20，y 最多为 33，且 z=100-x-y。其解不止一组。

```
main()
{  int x,y,z;
  for(x=1;x<=20;x++)
    for(y=1;y<=33;y++)
  {
     z=100-x-y;              /*小鸡数目*/
     if((z%3==0)&&(5*x+3*y+z/3==100))
     printf("cock=%d\t hen=%d\t  chiken=%d\n",x,y,z);
  }
}
```

程序运行结果：

cock=4	hen=18	chiken=78
cock=8	hen=11	chiken=81
cock=12	hen=4	chiken=84

【例 5-7】 输入任意一个整数，将其逆序输出，如输入 1234，输出 4321。

```
include "stdio.h"
void main()
{long y,n;
 scanf("%ld",&y)
 while(y!=0)
  {n=y%10;                  /*y 的个位数*/
   printf("%ld",n);
   y=y/10;                  /*y 缩小 10 倍*/
  }
}
```

【例 5-8】 求 100～200 的全部素数。

算法：m 不能被 2～（m-1）任一整数整除，则 m 为素数。

```
main()
{
 int m,i,n=0;
 for(m=101;m<=200;m=m+2)
 { if(n%10==0)printf("\n");
  for(i=2;i<m;i++)
    if(m%i==0)break;
  if(i>=m){printf("%d  ",m);n=n+1;}
 }
 printf("\nprime number=%d\n",n);
}
```

运行结果:

101	103	107	109	113	127	131	137	139	149
151	157	163	167	173	179	181	191	193	197

199

prime number=21

【例 5-9】 编程输出如下图形。

```
    *
   ***
  *****
 *******
*********
```

程序如下。

```c
#include "stdio.h"
main()
{ int i,j;
  for(i=1;i<=5;i++)
  { for(j=1;j<=10-i;j++)
    printf(" ");              /*输出空格*/
    for(j=1;j<=2*i-1;j++)
    printf("*");
    printf("\n");
  }
}
```

5.7 上 机 实 训

5.7.1 实训目的

（1）掌握逻辑运算符及表达式的求值规则。

（2）掌握循环基本结构和执行过程。

（3）掌握循环嵌套的结构和执行过程。

（4）掌握 break 语句、continue 语句的用法和区别。

（5）能熟练地使用循环结构解决实际问题。

5.7.2 实训内容

（1）阅读调试下列程序，并写出程序结果。

从键盘输入一批任意数量的整数，统计其中不大于 100 的非负数数值的个数。

```c
#include <stdio.h>
void main()
{
  int m,counter=0;
  while(1)
  {
    printf("请输入一个整数:");
```

```
    scanf("%d",&m);
    if(m<0)break;
    if(m<=100)counter++;
    printf("\n");
  }
  printf("符合要求的整数个数为:%d\n",counter);
}
```

1）输入的一组数据之间全部以空格分隔，只有最后一个数为负数，以"回车"键结束。如 16 35 7 –10。

2）输入的一组数据之间全部以空格分隔，在负数之后又有正数，最后一个数不为负数，以"回车"键结束。如 16 35 7 –10 96 17。

3）输入的一组数据之间全部以空格分隔，输入数据中有多个负数，以"回车"键结束。如 16 35 7 –10 96 17 –87 7。

4）输入的数据中有大于 100 的整数。如 16 35 7 –10 96 117 –87 267 66

5）数据之间既用空格分隔，也用"回车"键分隔。如 76 35 376 22 717 96 67 96 17– 87 719 66 98 2 –16 31。

6）每输入一个数据后均按"回车"键。

7）输入的第一个数据即为负数。

8）在输入的数据中使用数值很大的整数。如 17 66778 98765 17 899 –109 87。

程序分析：由于输入数据个数是不确定的，因此每次执行程序时，循环次数都是不确定的。在进行程序设计时，确定循环控制的方法是本实验的一个关键问题。循环控制条件可以有多种确定方法：①使用一个负数作为数据输入结束标志。②输入一个数据后通过询问的方式决定是否继续输入下一个数据。本程序采用的是第一种方法。读者可以考虑采用第二种方法应该如何实现。

（2）编写并调试程序，使用 do-while 循环控制语句实现上面的数据统计问题。调试数据仍参照上面给出的几种情况设计使用。

（3）编写并调试程序，使用 for 循环控制语句实现上面的数据统计问题。

（4）阅读阶乘累加问题。求 1+2！+3！+…+n!的值。

```
#include <stdio.h>
void main()
{
  long int s=1, t;
  int i, j, n;
  printf("n=");
  scanf("%d", &n);
  for(i=2; i<=n; i++)
  {
    for(t=1, j=1; j<=i; j++)
      t*=j;
    s+=t;
  }
  printf("s=%ld\n", s);
}
```

1）输入一个不大的正整数，分析程序执行结果。

2）输入一个零或者负数，分析程序执行结果。

3）输入一个很大的正整数，分析程序执行结果。

4）当程序结果不符合要求时，修改程序，直到对任何输入数据都能输出正确的执行结果，或者给出一个明确的提示信息。例如，当输入数据非法时，给出一个恰当的提示信息。

5.8 习　　题

1．选择题

（1）以下关于逻辑运算符两侧运算对象的叙述中正确的是（　　　）。

　　A．只能是整数 0 或 1　　　　　　　　B．可以是任意合法的表达式

　　C．只能是关系表达式　　　　　　　　D．只能是整数或非 0 整数

（2）设有定义"int a=2，b=3，c=4；"，则以下选项中，值为 0 的表达式是（　　　）。

　　A．a&&b　　　　　　　　　　　　　B．（a>b）&&!c||1

　　C．（!a==1）&&（!b==0）　　　　　　D．a||（b+b）&&（c−a）

（3）C 语言中 while 和 do-while 循环的主要区别是（　　　）。

　　A．do-while 允许从外部转到循环体内

　　B．do-while 的循环体不能是复合语句

　　C．do-while 的循环体至少无条件执行一次

　　D．while 的循环控制条件比 do-while 的循环控制条件严格

（4）下列关于 break 语句的描述，正确的是（　　　）。

　　A．break 语句只能用于循环体中

　　B．break 语句可以一次跳到多个嵌套循环体外

　　C．再循环体中可以根据需要使用 break 语句

　　D．在循环体中必须使用 break 语句

（5）对 for（表达式 1；；表达式 3）可理解为（　　　）。

　　A．for（表达式 1；1；表达式 3）

　　B．for（表达式 1；0；表达式 3）

　　C．for（表达式 1；表达式 1；表达式 3）

　　D．for（表达式 1；表达式 3；表达式 3）

（6）分析下面的 C 语言代码

```
int a=1,b=10;do{ b-=a;a++; }while(b- -<0);
```

则执行循环语句后 b 的值为（　　　）。

　　A．9　　　　　　　　B．−2　　　　　　　C．−1　　　　　　　D．8

（7）执行下面的 C 程序段后输出结果是（　　　）。

```
int a=5;while(a- -);printf("%d",a);
```

　　A．54321　　　　　　B．4321　　　　　　C．0　　　　　　　D．−1

（8）下面程序段循环情况是（　　　）。

```
int k=9;
while(k>=0)--k;
```

　　A．while 循环执行 9 次　　　　　　B．While 循环执行 10 次
　　C．循环执行无限次　　　　　　　　D．循环体语句一次也不执行

（9）下面程序段的循环情况是（　　　）。

```
int x=10;
do
{
  x=x/x;
}while(!x);
```

　　A．循环执行一次　　B．循环执行两次　　C．有语法错误　　D．是死循环

（10）下面的 C 程序段

```
int i,j;
for(i=5;i;i--)
for(j=0;j<4;j++){„}
```

循环体的总执行次数是（　　　）。

　　A．20　　　　　　B．25　　　　　　C．24　　　　　　D．30

2．填空题

（1）下面程序的运行结果是＿＿＿＿。

```
#include <stdio.h>
void main()
{ int a,b,c;
  a=0;b=5;c=3;
while(c-->0&&++a<5)
b=b-1;
printf("%d,%d,%d\n",a,b,c);
}
```

（2）下面程序输出的结果是＿＿＿＿＿。

```
main()
{ int x=1,y=2,z=3,t;
  do
  { t=x;x=y;y=t;z--;
  }while(x<y<z);
  printf("%d,%d,%d",x,y,z);
}
```

（3）下面程序输出的结果是＿＿＿＿＿；"s=s+a;"语句执行的次数是＿＿＿＿。

```
main()
{
int x,y,a,s;
  for(x=0;x<5;x++)
  {
a=x;s=0;
    for(y=0;y<x;y++)
```

```
        s=s+a;
    }
  printf("%d",y);
}
```

（4）下边程序段执行后，输出_____个星号。

```
    int i = 100;
    while(1)
    {  i--;
      if(i == 0)break;
    printf("*");
      }
```

（5）下边程序段的功能是判断 x 是否为_____。

```
    int x,a,f = 1;
    scanf("%d",&x);
    for(a = 2;a <= x - 1;a++)
    if(x % a == 0)
      { f = 0;break;}
      if(f)printf("Yes");
      else printf("No");
```

（6）已知"char ch='$'；int i=1, j；"，执行 j=!ch&&i++后，i 的值为_____。

（7）判断 ch 为大写字母的 C 语言表达式为_____。

3．完形填空

（1）下面程序的运行结果为 b=d，请填写缺少的 C 语言语句（注意大小写，关系运算符只能使用 ">" 或 "<"）。

```
# include <stdio.h>
main()
{
char a='a',b;
int i;
for(i=0;____;i++)
a++;
b=a;
printf("b=%c\n",b);
}
```

（2）下面程序能将 1！+2！+3！+4！的计算结果打印出来，请填写缺少的 C 语言语句。

```
#include <stdio.h>
void main()
{
int a,b,c,s;
a=1;b=1;c=1;s=0;
while(c<5)
{b=____;
s=s+b;
++c;
}
```

```
printf("s=%d\n",s);
}
```

（3）下面程序的功能是打印 100 以内个位数为 8 且能被 4 整除的所有数。请填写缺少的 C 语言语句。

```
#include <stdio.h>
void main()
{ int a,b;
for(a=0;____;a++)
{
    b=a*10+8;
    if(____) continue;
     printf("%d\t",b);
  }
}
```

（4）鸡兔共有 40 只，脚共有 100 个，下面程序是计算鸡兔各有多少只。请填写缺少的 C 语言语句。

```
#include <stdio.h>
void main()
{ int x,y;
for(x=1;x<=39;x++)
{
    y=40-x;
    if(____)
    printf("%d,%d\n",x,y);
  }
}
```

（5）下面的程序功能是计算 s=1+12+123+1234+12345。请填写缺少的 C 语言语句。

```
#include <stdio.h>
void main()
{ int p=0,s=0,i;
for(i=1;i<=5;i++)
{
    p=i+____;
    s=s+p;
}
    printf("s=%d\n",s);
  }
```

（6）下面程序的功能是输出如下形式的方阵，请填写缺少的 C 语言语句（注意大小写）。

```
13  14  15  16
9   10  11  12
5   6   7   8
1   2   3   4
```

```
#include <stdio.h>
void main()
{ int i,j,a;
```

```
for(j=4;____;j--)
   { for(i=1;i<=4;i++)
     { a=(j-1)*4+____;
         printf("%5d",a);
     }
     printf("\n");
   }
}
```

（7）下面程序输入一个三位正整数，以倒序的形式输出它的各位数，请填写缺少的 C 语言语句。

```
#include <stdio.h>
void main()
{ int a,b,k;
  scanf("%d",&a);
 for(k=0;k<3;k++)
 { b=a-(a/10)*10;
   _____;
   printf("%d",b);
 }
}
```

（8）程序功能是读入 10 个整数，统计负数的个数，并计算负数之和，请填空。

```
#include <stdio.h>
main()
{int n[20],sum,i,j;
  sum=0,j=0;
  for(i=0;i<10;i++)
  scanf("%d",&n[i]);
  for(i=0;i<10;i++)
  {if(n[i]>0)
   _____;
sum+=n[i];
_____;
  }
  printf("%d %d",j,sum);
}
```

（9）下面程序判断 n 是否为素数，请填写缺少的 C 语言语句。

```
#include <stdio.h>
#include <math.h>
void main()
{
int a,k,i,n=0;
scanf("%d",&a);
k=sqrt(a);

  for(i=2;i<=k;i++)
  if(a%i==0)_____;

  if(i>k)   printf("%d是素数",a);
```

```
else    printf("%d不是素数",a);
}
```

（10）买鸡 100 元买 100 只鸡，公鸡 5 元 1 只，母鸡 3 元 1 只，小鸡 1 元 3 只，下面程序可打印出各种购买方案，请填写缺少的 C 语言语句。（公鸡、母鸡、小鸡均不为零）：

```
#include <stdio.h>
main()
{   int x,y,z;

for(x=1;x<20;x++)
 for(y=1;y<33;y++)
  {
  z=100-x-y;
  if(_____)printf("%d\t%d\t%d\n",x,y,z);
  }
}
```

4. 编程

（1）每个苹果 0.8 元，第一天买 2 个苹果，第二天开始，每天买前一天的 2 倍，直至购买的苹果个数达到不超过 100 的最大值。编写程序求平均每天花多少钱？

（2）输出 1900～2012 年所有闰年年份。

（3）输入一行字母，分别统计其中的英文字母、空格、数字和其他字符的个数。

（4）编写程序，从键盘输入 6 名学生的 5 门成绩，分别统计出每个学生的平均成绩。

（5）打印下列图案

```
    *
   ***
  *****
   ***
    *
```

（6）猴子第一天摘下若干个桃子，当即吃了一半，又多吃了一个。以后每天早晨猴子都吃掉前一天剩下的一半多一个。到第 5 天时，猴子再去吃桃子时发现只剩下 1 个桃子。问第一天猴子摘了多少个桃子？

（7）打印 100～999 所有的"水仙花数"。"水仙花数"是一个三位数，其各位数立方和等于该数本身。

（8）编写程序，输出 200～300 所有的素数。

第 6 章 数 组

控制一个数据可以定义一个变量，控制两个数据可以定义两个变量。如果是 100 名学生的身高数据怎样存储和处理？定义 100 个变量，这样显然书写太麻烦，并且还要有 100 个不同的名字，也不便于记忆。

本章主要内容包括：

- 一维数组的定义与引用
- 二维和多维数组的定义与引用
- 字符型数组与字符串

下面通过一个案例来学习定义一组数据。

为了方便地使用一些具有相同数据类型的数据，C 语言提供了一种构造数据类型——数组。

【**案例 6-1**】 输入 100 名学生的身高，求出平均值，并显示出高于平均身高的人数。

案例分析 可以定义 100 个变量，存放每个人的身高，但定义起来很麻烦，并且要有 100 个变量名。可以使用数组来方便地定义 100 个变量，名字也便于记忆。

定义数组 int high [100]，其中 height 是数组名。该数组可以存放 100 个身高值，分别可以表示成 high [0]，high [1]，…，high [99]，这些称为数组元素。

案例实现

```
#define N 100
void main()
{
    int i,high[N],count = 0;
    float sum=0,averHigh;
    for(i = 0;i < N;i++)
    {
        printf("\n 请输入第%d 位同学的身高:",i + 1);
        scanf("%d",&high[i]);
        sum = sum + high[i];
    }
    averHigh = sum / N;
    for(i = 0;i < N;i++)
    {
        if(high[i] > aver_high)
        count++;
    }
    printf("\n 超过班平均身高有:%d 人!",count);
}
```

数组：是指有限个属性相同、类型相同的数据的有机组织。属性相同是指各元素的物理含义一致。

语句：int high[N];

类型标识符 int 指定了数组中每个元素的类型，N 指定了数组中包含的元素个数。这 N 个数组元素是 high［0］，high［1］，high［2］，…，high［N-1］。

C 语言规定下标从零开始计数，其取值范围是从 0～N-1，作用是指明该元素在数组中的相对位置，以方便引用。

C 语言与有些语言不同，它不支持动态定义数组，要求在声明数组时，数组元素的个数（又称数组长度）必须是确定的，即只能是正整数或常量表达式。

通过［案例 6-1］可以看到，把具有相同类型的若干变量按有序的形式组织起来。这些按序排列的同类数据元素的集合称为数组。在 C 语言中，数组属于构造数据类型。一个数组可以分解为多个数组元素，这些数组元素可以是基本数据类型或是构造类型。因此，按数组元素的类型不同，数组又可分为数值数组、字符数组、指针数组、结构数组等各种类别。本章介绍数值数组和字符数组。

6.1　一　维　数　组

6.1.1　一维数组的定义

在 C 语言中使用数组必须先进行定义。

一维数组的定义方式为

类型说明符　数组名　［常量表达式］；

其中，类型说明符是任一种基本数据类型或构造数据类型。数组名是用户定义的数组标识符。方括号中的常量表达式表示数据元素的个数，也称为数组的长度。

例如：

int num[10];说明整型数组 num，有 10 个元素。

float b[10],c[20];说明实型数组 b，有 10 个元素，实型数组 c，有 20 个元素。

char ch[20];说明字符数组 ch，有 20 个元素。

对于数组类型说明应注意以下几点。

（1）数组的类型实际上是指数组元素的数据类型。对于同一个数组，其所有元素的数据类型都是相同的。

（2）数组名的书写规则应符合标识符的书写规定。

（3）数组名不能与其他变量名相同。

例如，以下语句是错误的。

```
main()
    {
      double a;
      float a[10];
      …
    }
```

（4）方括号中常量表达式表示数组元素的个数。如 num［5］表示数组 num 有 5 个元素。但是其下标从 0 开始计算。因此 5 个元素分别为 num［0］，num［1］，num［2］，num［3］，num［4］。

（5）不能在方括号中用变量来表示元素的个数，但是可以是符号常数或常量表达式。

例如：

```
#define FD 5
main()
{
    int a[3+2],b[7+FD];
    ...
}
```

（6）允许在同一个类型说明中，说明多个数组和多个变量。

例如：

　　　　double num1［4］，num2［4］，num3；

6.1.2　一维数组元素的引用

数组元素是组成数组的基本单元。数组元素也是一种变量，其标识方法为数组名后跟一个下标。下标表示了元素在数组中的顺序号。

数组元素的一般形式为

　　　　数组名［下标］

其中，下标只能为整型常量或整型表达式。如为小数时，C 语言编译将自动取整。

例如，a［5］、a［i+j］、a［i++］都是合法的数组元素。

数组元素通常也称为下标变量。必须先定义数组，才能使用下标变量。在 C 语言中只能逐个地使用下标变量，而不能一次引用整个数组。例如，输出有 10 个元素的数组必须使用以下循环语句逐个输出各下标变量，而不能用一个语句输出整个数组。

```
for(i=0;i<10;i++)
        printf("%d",a[i]);
```

【例 6-1】 定义一个 10 元素的数组，赋值为 0 到 9，然后倒序输出。

```
main()
{
  int i,a[10];
  for(i=0;i<=9;i++)
  {
      a[i]=i;
  }
  for(i=9;i>=0;i--)
  {
      printf("%d",a[i]);
  }
}
```

【例 6-2】 找出 10 个整数中的最大值及其序号。

```
main()
{
    int i,max,k,a[11];
```

```
for(i=1;i<=10;i++)
{
    scanf("%d",&a[i]);
}
max=a[1];
k=1;
for(i=2;i<=10;i++)
{
    if(max<a[i])
    {
        max=a[i];k=i;
        }
}
printf("max=%d,NO:%d\n",max,k);
}
```

6.1.3 一维数组的初始化

给数组赋值的方法除了用赋值语句对数组元素逐个赋值外，还可采用初始化赋值和动态赋值的方法。

数组初始化赋值是指在数组定义时给数组元素赋予初值。数组初始化是在编译阶段进行的，这样将减少程序运行时间，提高效率。

初始化赋值的一般形式为

类型说明符 数组名 [常量表达式]={值，值…值}；

其中，在{ }中的各数据值即为各元素的初值，各值之间用逗号间隔。例如，int a[10]={ 0,1,2,3,4,5,6,7,8,9 };相当于 a[0]=0;a[1]=1;…;a[9]=9;。

C 语言对数组的初始化赋值还有以下几点规定。

（1）可以只给部分元素赋初值。当{ }中值的个数少于元素个数时，只给前面部分元素赋值。例如，int a[10]={0,1,2,3,4};表示只给 a [0] ～a [4] 五个元素赋值，而后五个元素自动赋 0 值。

（2）如给全部元素赋值，则在数组说明中，不给出数组元素的个数。例如，int a[5]={1,2,3,4,5};可写为 int a[]={1,2,3,4,5};

如果需要有六个元素，前五个分别是 1，2，3，4，5，第六个暂时没有数值，那就给一个默认值 0 占住位置。写成 int num[]={1,2,3,4,5,0};

6.1.4 一维数组程序举例

可以在程序执行过程中，对数组作动态赋值。这时可用循环语句配合 scanf 函数逐个对数组元素赋值。

【例 6-3】 编写程序实现求 10 个数中的最大值。

```
main()
{
  int i,max,a[10];
  printf("input 10 numbers:\n");
  for(i=0;i<10;i++)
  {
    scanf("%d",&a[i]);
  }
```

```
    max=a[0];
    for(i=1;i<10;i++)
    {
        if(a[i]>max)
          {
            max=a[i];
          }
    }
    printf("maxmum=%d\n",max);
}
```

本例程序中第一个 for 语句逐个输入 10 个数到数组 a 中。然后把 a [0] 送入 max 中。

在第二个 for 语句中，从 a [1] 到 a [9] 逐个与 max 中的内容比较，若比 max 的值大，则把该下标变量送入 max 中，因此 max 总是在已比较过的下标变量中为最大者。比较结束，输出 max 的值。

【例 6-4】　编写程序实现 10 个整数的排序。

```
main()
{
  int i,j,p,q,s,a[10];
  printf("\n input 10 numbers:\n");
  for(i=0;i<10;i++)
  {
      scanf("%d",&a[i]);
  }
  for(i=0;i<10;i++)
  {
      p=i;q=a[i];
      for(j=i+1;j<10;j++)
      {
          if(q<a[j])
          {
              p=j;q=a[j];
                  }
      }
    if(i!=p)
    {
s=a[i];
        a[i]=a[p];
        a[p]=s;
    }
    printf("%d",a[i]);
  }
}
```

本例程序中用了两个并列的 for 循环语句，在第二个 for 语句中又嵌套了一个循环语句。第一个 for 语句用于输入 10 个元素的初值。第二个 for 语句用于排序。本程序的排序采用逐个比较的方法进行。在 i 次循环时，把第一个元素的下标 i 赋于 p，而把该下标变量值 a [i] 赋于 q。然后进入小循环，从 a [i+1] 起到最后一个元素止逐个与 a [i] 作比较，有比 a [i] 大者则将其下标送 p，元素值送 q。一次循环结束后，p 即为最大元素的下标，q 则为该元素值。若此时 i≠p，说明 p、q 值均已不是进入小循环之前所赋之值，则交换 a［i］和 a［p］之值。此时 a［i］为已排序完毕的元素。输出该值之后转入下一次循环。对 i+1 以后各个元素排序。

6.2 二 维 数 组

6.2.1 二维数组的定义

与一维数组相同，二维数组也必须先定义，后使用。二维数组的格式为

类型说明符 数组名［常量表达式1］［常量表达式2］；

例如，int a[3][4];定义 a 为 3×4（3 行 4 列）的整型数组。该数组有 12 个元素，分别为

a［0］［0］ a［0］［1］ a［0］［2］ a［0］［3］
a［1］［0］ a［1］［1］ a［1］［2］ a［1］［3］
a［2］［0］ a［2］［1］ a［2］［2］ a［2］［3］

说明：

（1）类型说明符、数组名、常量表达式的意义与一维数组相同。

（2）二维数组中元素的排列顺序是按行存放，即在内存中先顺序存放第一行的元素，再存放第二行的元素。

（3）可以把二维数组看成是特殊的一维数组，它的每个元素又是一个一维数组。

6.2.2 二维数组元素的引用

二维数组的元素也称为双下标变量，其表示的形式为

数组名［下标］［下标］

其中，下标应为整型常量或整型表达式。

例如，a［3］［4］表示 a 数组三行四列的元素。

下标变量和数组说明在形式中有些相似，但这两者具有完全不同的含义。数组说明的方括号中给出的是某一维的长度，即可取下标的最大值；而数组元素中的下标是该元素在数组中的位置标识。前者只能是常量，后者可以是常量、变量或表达式。

【例 6-5】 将数组 a（2×3 矩阵）行列转置后保存到另一数组 b 中。

$$a=\begin{matrix}1 & 2 & 3\\ 4 & 5 & 6\end{matrix} \qquad b=\begin{matrix}1 & 4\\ 2 & 5\\ 3 & 6\end{matrix}$$

```
main()
{
    int a[2][3]={{1,2,3},{4,5,6}};
    int i,j,b[3][2];
    printf("array a:\n");
    for(i=0;i<=1;i++)
    {
        for(j=0;j<=2;j++)
        {
            printf("%5d",a[i][j]);         /*输出 a 数组*/
            b[j][i]=a[i][j];               /*数组转置*/
```

```
        }
    printf("\n");
        }
    printf("array b:\n");
    for(i=0;i<=2;i++)
    {
            for(j=0;j<=1;j++)
                        printf("%5d",b[i][j]);
                            printf("\n");
                                }
}
```

运行结果如下：

```
array a:
  1  2  3
  4  5  6
array b:
1       4
2       5
3       6
```

6.2.3 二维数组的初始化

二维数组也可以在定义时对指定元素赋初值，可以用以下方法对二维数组进行初始化。

（1）按行分段赋值。例如：

```
int a[3][4]={{1,2,3,4},{5,6,7,8},{9,10,11,12}};
```

（2）将所有的初值写在一个大括号内，按数组元素的排列顺序对各个元素赋初值。例如：

```
int a[3][4]={1,2,3,4,5,6,7,8,9,10,11,12};
```

（3）可以对数组部分元素赋初值。例如：

```
int a[3][4]={{1},{5,6},{9}};
```

又如：

```
int a[3][4]={{1,2},{ },{0,10}};
```

其作用是使 a[0][0]=1，a[0][1]=2，a[2][1]=10，数组的其他元素都为 0。

（4）如果对数组的全部元素都赋初值，则定义数组时可以不指定数组的第一维长度，但第二维长度不能省略。若有定义：

```
int a[3][4]={1,2,3,4,5,6,7,8,9,10,11,12};
```

此定义也可以写成

```
int a[ ][4]={1,2,3,4,5,6,7,8,9,10,11,12};
```

【例 6-6】 某一班有 5 名学生，本学期每位学生都有数学、C 语言和 Foxpro 三门课程成绩，请求出 5 名学生每门功课的平均成绩，以及 5 名学生，所有课程的平均成绩。

```
main()
{
  int i,j,s=0,average,v[3];
  int a[5][3]={{80,75,92},{61,65,71},{59,63,70},{85,87,90},{76,77,85}};
  for(i=0;i<3;i++)
```

```
{
    for(j=0;j<5;j++)
    {
        s=s+a[j][i];
    }
    v[i]=s/5;
    s=0;
}
average=(v[0]+v[1]+v[2])/3;
printf("math:%d\nc languag:%d\ndFoxpro:%d\n",v[0],v[1],v[2]);
printf("total:%d\n",average);
}
```

对于二维数组初始化赋值还有以下说明。

（1）可以只对部分元素赋初值，未赋初值的元素自动取 0 值。例如，int a[3][3]={{1},{2},{3}};它是对每一行的第一列元素赋值，未赋值的元素取 0 值。赋值后各元素的值为

1 0 0

2 0 0

3 0 0

int a [3][3]={{0,1},{0,0,2},{3}};赋值后的元素值为

0 1 0

0 0 2

3 0 0

（2）如对全部元素赋初值，则第一维的长度可以不给出。例如，int a[3][3]={1,2,3,4,5,6,7,8,9};

可以写为 int a[][3]={1,2,3,4,5,6,7,8,9};

（3）数组是一种构造类型的数据。二维数组可以看作是由一维数组的嵌套而构成的。设一维数组的每个元素都是一个数组，就组成了二维数组。当然，前提是各元素类型必须相同。根据这样的分析，一个二维数组也可以分解为多个一维数组。C 语言允许这种分解。

如二维数组 a [3][4]，可分解为三个一维数组，其数组名分别为

a [0]

a [1]

a [2]

对这三个一维数组不需另作说明即可使用。这三个一维数组都有 4 个元素，如一维数组 a [0] 的元素为 a [0] [0]，a [0] [1]，a [0] [2]，a [0] [3]。必须强调的是，a [0]、a [1]、a [2] 不能当作下标变量使用，它们是数组名，不是一个单纯的下标变量。

6.2.4 二维数组程序举例

【例 6-7】 某班有 20 名学生，每名学生有 5 门课的成绩，分别求出每门课的平均成绩和每个学生的平均成绩。

```
main()
{
    int i,j;
    float score[21][6]={0};
```

```
for(i=1;i<=20;i++)
{
    for(j=1;j<=5;j++)
        {
            scanf("%f ",&a[i][j]);
            score[i][0]+=score[i][j];
            score[0][j]+=score[i][j];
        }
}
printf("average of student is:\n");
for(i=1;i<=20;i++)
{
        printf("%d:%6.2f \n",i,sccore[i][0]/5);
}
printf("average of course is:\n");
for(i=1;i<=5;i++)
{
        printf(" %d:%6.2f \n",i,score[0][i]/20);
}
}
```

6.3　字符型数组与字符串

6.3.1　字符数组的定义

一维字符数组的格式为

类型说明符　数组名［常量表达式］；

例如，char str[10];

定义 str 为一维字符数组，该数组包含 10 个元素，最多可以存放 10 个字符型数据。

二维字符数组的格式为

类型说明符　数组名［常量表达式 1］［常量表达式 2］；

例如，char a[3][20];

定义 a 为二维字符数组，该数组有 3 行，每行 20 列，该数组最多可以存放 60 个字符型数据。

在 C 语言中，很多情况下字符型与整型是通用的，因此字符型数组也可以如下定义。

```
int str[10];
int a[3][20];
```

 注　意

字符型数据在内存中是以 ASCII 码方式存储的，在字符数组中也是如此。

6.3.2　字符数组的初始化

字符数组的初始化方式与其他类型数组的初始化方式类似。

（1）逐个元素赋初值。

char s[5]={ 'C','h','i','n','a'};

（2）如果初值的个数多于数组元素的个数，则按语法错误处理。

（3）如果初值的个数少于数组元素的个数，则 C 语言编译系统自动将未赋初值的元素定为空字符（即 ASCII 码为 0 的字符'\0'）。

（4）如果省略数组的长度，则系统会自动根据初值的个数来确定数组的长度。例如，char c[ ]={'H','o','w',' ','a','r','e',' ','y','o','u','?'};

数组 c 的长度自动设定为 12。

（5）二维数组也可以进行初始化。

6.3.3　字符数组的引用

【例 6-8】　输出一个字符串。

```
main()
{
        char c[10]={ 'I',' ','a','m',' ','h','a','p','p','y'};
        int i;
        for(i=0;i<10;i++)
        {
                printf("%c",c[i]);
                            }
                        printf("\n");
}
```

程序运行结果：

```
I am happy
```

【例 6-9】　输出钻石图形。

```
main()
{
    char c[5][5]={{ ' ',' ','*'},{ ' ','*',' ','*'},{'*',' ',' ',' ','*'},{'
','*',' ','*'},{' ',' ','*'}};
    int i,j;
    for(i=0;i<5;i++)
    {
        for(j=0;j<5;j++)
            printf("%c",c[i][j]);
                    printf("\n");
                        }
}
```

程序的运行结果：

```
    *
   * *
  *   *
   * *
    *
```

6.3.4　字符串

在 C 语言中没有专门的字符串变量，通常用一个字符数组来存放一个字符串。字符串总是以'\0'作为串的结束符。因此当把一个字符串存入一个数组时，也把结束符'\0'存入数组，并以此作为该字符串是否结束的标志。有了'\0'标志后，就不必再用字符数组的长度来判断字符串的长度了。

C 语言允许用字符串的方式对数组作初始化赋值。例如：

```
char c[]={'c',' ','p','r','o','g','r','a','m'};
```

可写为

```
char c[]={"C program"};
```

或去掉{}写为

```
char c[]="C program";
```

用字符串方式赋值比用字符逐个赋值要多占 1 字节，用于存放字符串结束标志'\0'。上面的数组 c 在内存中的实际存放情况为

C　　program \0

'\0'是由 C 编译系统自动加上的。由于采用了'\0'标志，所以在用字符串赋初值时一般无须指定数组的长度，而由系统自行处理。

在采用字符串方式后，字符数组的输入/输出将变得简单方便。

除了上述用字符串赋初值的办法外，还可用 printf 函数和 scanf 函数一次性输入/输出一个字符数组中的字符串，而不必使用循环语句逐个地输入/输出每个字符。

【例 6-10】　定义一个字符串数组，然后输出。

```
main()
{
    char c[]="BASIC\ndBASE";
    printf("%s\n",c);
}
```

6.3.5　字符串处理函数

在 C 语言的库函数中提供了一些字符串处理函数，使用它们可以很方便地处理字符串，如输入、输出、拷贝、连接、比较、测试长度等。

（1）字符串输出函数 puts。

格式：puts（字符数组名）

功能：将一个字符串输出到终端，字符串中可以包含转义字符。

例如：

```
char s[ ]= "China\nBeijing";
puts(s);
```

输出结果：

```
China
Beijing
```

 注　意

----

　puts 函数会将字符串结束标志'\0'转换成'\n'，即在输出完字符串后换行。

（2）字符串读入函数 gets。

格式：gets（字符数组名）

功能：从终端读入一个字符串到字符数组。该函数可以读入空格，遇"回车"符结束输入。

例如，有如下程序段：

```
char s[20];
gets(s);
puts(s);
```

运行时输入：

```
How do you do?✓
```

输出结果：

```
How do you do?
```

（3）字符串连接函数 strcat。

格式：strcat（字符数组 1，字符数组 2）

功能：将字符数组 2 中的字符串连接到字符数组 1 中的字符串的后面，结果放在字符数组 1 中。

例如，有如下程序段：

```
char s1[14]= "China",s2[ ]= "Beijing";
strcat(s1,s2);
printf("%s",s1);
```

输出结果：

```
China Beijing
```

说明：使用 strcat 函数时，字符数组 1 应足够大，以便能容纳连接后的新字符串。

（4）字符串拷贝（复制）函数 strcpy。

格式：strcpy（字符数组 1，字符数组 2）

功能：将字符数组 2 中的字符串拷贝到字符数组 1 中。

例如，有如下程序段：

```
char s1[8],s2[ ]= "China";
strcpy(s1,s2);
puts(s1);
```

输出结果：

```
China
```

说明：字符数组 1 的长度应大于或等于字符数组 2 的长度，以便容纳被复制的字符串。字符数组 1 必须写成数组名的形式（如上例中的 s1），字符数组 2 也可以是一个字符串常量。

例如：

```
char s1[8];
strcpy(s1,"China");
```

其结果与上例相同。

执行 strcpy 函数后，字符数组 1 中原来的内容将被字符数组 2 的内容（或字符串）所代替。

不能用赋值语句将一个字符串常量或字符数组直接赋给另一个字符数组。下面的用法是错误的。

```
char s1[8],s2[ ]= "China";
s1=s2;
```

在进行字符串的整体赋值时，必须使用 strcpy 函数。

（5）字符串比较函数 strcmp。

格式：strcmp（字符串 1，字符串 2）

功能：比较两个字符串的大小。例如：

```
strcmp(s1,s2);
strcmp("Beijing","Shanghai");
strcmp(s1,"China");
```

比较的结果由函数值带回。

如果字符串 1 等于字符串 2，函数值为 0。

如果字符串 1 大于字符串 2，函数值为一个正整数（第一个不相同字符的 ASCII 码值之差）。

如果字符串 1 小于字符串 2，函数值为一个负整数。

请注意：比较两个字符串是否相等时，不能采用以下形式。

```
if(s1= =s2)printf("yes");
```

而只能用

```
if(strcmp(s1,s2)= =0) printf("yes");
```

（6）测试字符串长度函数 strlen。

格式：strlen（字符数组名）

功能：测试字符数组的长度，函数值为字符数组中第一个'\0'前的字符的个数（不包括'\0'）。

例如：

```
char s[10]= "China";
printf("%d",strlen(s));
```

输出结果：5

（7）字符串小写函数 strlwr。

格式：strlwr（字符串）

功能：将字符串中的大写字母转换成小写字母。

（8）字符串大写函数 strupr。

格式：strupr（字符串）

功能：将字符串中的小写字母转换成大写字母。

【例 6-11】 编程实现两个字符串的连接（不用 strcat 函数）。

```
main()
{
    char s1[80],s2[80];
    int  i,j;
    gets(s1);                        /*读入两个字符串*/
    gets(s2);
```

```
    for(i=0;s1[i]!='\0';i++);          /*找到第一个字符串'\0'的位置*/
    for(j=0;s2[j]!='\0';i++,j++)
    {
         s1[i]=s2[j];                   /*连接 s2 到 s1 的后面*/
    }
    s1[i]='\0';                         /*在连接后的 s1 中添加字符串结束标志'\0'*/
    puts(s1);
}
```

程序运行时输入:

```
I am a ✓
Student.✓
```

运行结果:

```
I am a student.
```

【例 6-12】 找出三个字符串中的最大者。

```
main()
{
    char string[20];
    char str[3][20];
    int i;
    for(i=0;i<3;i++)
    {
         gets(str[i]);
    }
    if(strcmp(str[0],str[1])>0)
    {
         strcpy(string,str[0]);
      }
      else
      {
           strcpy(string,str[1]);
        }
        if(strcmp(str[2],string)>0)
        {
             strcpy(string,str[2]);
    }
    printf("\nthe largest string is :\n%s\n",string);
}
```

运行时输入:

```
CHINA✓
AMERICA✓
JAPAN✓
```

运行结果:

```
the largest string is :
JAPAN
```

6.4　数　组　举　例

【例 6-13】　把一个整数按大小顺序插入已排好序的数组中。

为了把一个数按大小插入已排好序的数组中，应首先确定排序是从大到小还是从小到大进行的。设排序是从大到小进序的，则可把欲插入的数与数组中各数逐个比较，当找到第一个比插入数小的元素 i 时，该元素之前即为插入位置。然后从数组最后一个元素开始到该元素为止，逐个后移一个单元。最后把插入数赋予元素 i 即可。如果被插入数比所有的元素值都小则插入最后位置。

```c
main()
{
  int i,j,p,q,s,n,a[11]={127,3,6,28,54,68,87,105,162,18};
  for(i=0;i<10;i++)
  {
      p=i;
      q=a[i];
              for(j=i+1;j<10;j++)
              {
                      if(q<a[j])
                          {
                          p=j;q=a[j];
                          }
              }
      if(p!=i)
      {
          s=a[i];
          a[i]=a[p];
          a[p]=s;
      }
      printf("%d ",a[i]);
  }
  printf("\ninput number:\n");
  scanf("%d",&n);
  for(i=0;i<10;i++)
  {
      if(n>a[i])
          {
                  for(s=9;s>=i;s--)
                  {
                          a[s+1]=a[s];
                          }
                          break;
                  }
  }
  a[i]=n;
  for(i=0;i<=10;i++)
  {
      printf("%d ",a[i]);
```

```
    }
    printf("\n");
}
```

本程序首先对数组 a 中的 10 个数从大到小排序并输出排序结果。然后输入要插入的整数 n。再用一个 for 语句把 n 和数组元素逐个比较，如果发现有 n>a [i] 时，则由一个内循环把 i 以下各元素值顺次后移一个单元。后移应从后向前进行（从 a [9] 开始到 a [i] 为止）。后移结束跳出外循环。插入点为 i，把 n 赋予 a [i] 即可。如所有的元素均大于被插入数，则并未进行过后移工作。此时 i=10，结果是把 n 赋于 a [10]。最后一个循环输出插入数后的数组各元素值。

程序运行时，输入数 47。从结果中可以看出 47 已插入 54 和 28 之间。

【例 6-14】 在二维数组 a 中选出各行最大的元素组成一个一维数组 b。

$a=$（3 16 87 65

　　　4 32 11 108

　　　10 25 12 37）

$b=$（87 108 37）

本题的编程思路是，在数组 a 的每一行中寻找最大的元素，找到之后把该值赋予数组 b 相应的元素即可。程序如下。

```
main()
{
    int a[][4]={99,16,87,65,4,32,11,108,10,25,12,27};
    int b[3],i,j,l;
    for(i=0;i<=2;i++)
    {
        l=a[i][0];
            for(j=1;j<=3;j++)
            {
                    if(a[i][j]>l)
                    {
                            l=a[i][j];
                    }
                    b[i]=l;
            }
    }
    printf("\narray a:\n");
    for(i=0;i<=2;i++)
    {
        for(j=0;j<=3;j++)
        {
                printf("%5d",a[i][j]);
        }
        printf("\n");}
        printf("\narray b:\n");
        for(i=0;i<=2;i++)
        {
                printf("%5d",b[i]);
    }
```

```
        printf("\n");
    }
```

程序中第一个 for 语句中又嵌套了一个 for 语句组成了双重循环。外循环控制逐行处理，并把每行的第 0 列元素赋予 l。进入内循环后，把 l 与后面各列元素比较，并把比 l 大者赋予 l。内循环结束时 l 即为该行最大的元素，然后把 l 值赋予 b [i]。等外循环全部完成时，数组 b 中已装入了 a 各行中的最大值。后面的两个 for 语句分别输出数组 a 和数组 b。

【例 6-15】　求一个 3×3 矩阵对角线元素之和。

程序分析：利用双重 for 循环控制输入二维数组，再将 a [i] [i] 累加后输出。

程序源代码：

```
#include <stdio.h>
int main()
{
    float a[3][3],sum=0;
    int i,j;
    printf("please input rectangle element:\n");
    for(i=0;i<3;i++)
        for(j=0;j<3;j++)
            scanf("%f",&a[i][j]);
    for(i=0;i<3;i++)
        sum=sum+a[i][i];
    printf("duijiaoxian he is %6.2f",sum);
    return 1;
}
```

【例 6-16】　将一个数组逆序输出。

程序分析：用第一个与最后一个交换。

程序源代码：

```
#define N 5
int main()
{
    int a [N] ={9, 6, 5, 4, 1}, i, temp;
    printf ("\n original array: \n") ;
    for (i=0; i<N; i++)
        printf ("%4d", a [i] ) ;
    for (i=0; i<N/2; i++)
    {
        temp=a [i] ;
        a [i] =a [N-i-1] ;
        a [N-i-1] =temp;
    }
    printf ("\n sorted array: \n") ;
    for (i=0; i<N; i++)
        printf ("%4d", a [i] ) ;
    printf ("\n") ;
    return 1;
}
```

6.5　上 机 实 训

6.5.1　实训目的

（1）掌握一维数组的定义与应用。

（2）掌握二维数组的定义与应用。

（3）掌握字符数组的定义与应用。

（4）掌握字符串处理。

（5）能熟练地使用数组解决实际问题。

6.5.2　实训内容

（1）假设某小组有 10 个学生，现在数学课教师要计算这 10 个学生的考试总分、平均分。请编写程序来帮助教师，在教师输入分数后放到数组中，并进行计算和显示输出。

（2）倒序输出。将 12 个字符 a　b　q　r　s　t　w　x　y　e　m　n 存放到数组中，并倒序打印出来。

（3）排序输出。从键盘输入 10 个数，要求按从小到大的顺序打印出来。

6.6　习　　　　题

1. 选择题

（1）以下关于数组的描述正确的是＿＿＿＿＿。

　　A．数组的大小是固定的，但数组元素的数据类型可以不同

　　B．数组的大小是可变的，但数组元素的数据类型必须相同

　　C．数组的大小是可变的，但数组元素的数据类型可以不同

　　D．数组的大小是固定的，但数组元素的数据类型必须相同

（2）引用数组元素时，数组下标允许是＿＿＿＿＿。

　　A．整型常量　　　　　　　　　　　　B．整型表达式

　　C．整型常量或整型表达式　　　　　　D．任何类型表达式

（3）若定义如下数组"int num[10];"，则数组 num 元素正确的引用方法是＿＿＿＿＿。

　　A．num[4.3]　　　　B．num(5)　　　　C．num[10]　　　　D．num[3-2]

（4）下列可以对数组 num 进行正确初始化的语句是＿＿＿＿＿。　　　．

　　A．int num[5]=(0,0,0,0,0);　　　　B．int num[5]={};

　　C．int num[5]={0};　　　　　　　　D．int num[5]=0,0,0,0,0;

（5）下面可以对二维数组 num 进行正确初始化的语句是＿＿＿＿＿。

　　A．int num[2][]={{0,0,0},{1,1,1}};

　　B．int num[][3]={{0,0,0},{1,1,1}};

　　C．int num[2][3]={{0,0,0},{1,1},{2}};

　　D．int num[][3]={{0,0,0},{},{2}};

（6）对下面语句正确的理解是＿＿＿＿＿。

```
int num[10]={1,2,3,4,5};
```

A. 将 5 个初值依次赋给 num [1] 到 num [5]

B. 将 5 个初值依次赋给 num [0] 到 num [4]

C. 将 5 个初值依次赋给 num [6] 到 num [10]

D. 将 5 个初值依次赋给 num [2] 到 num [6]

（7）下列语句执行结果是_____。

```
char str[15]="china\nBeijing";
printf("%d",strlen(str));
```

    A. 15   B. 14   C. 13   D. 12

（8）下面语句执行结果是_____。

```
char str[5]={'a','b','\0','c','\0'};
printf("%s",str);
```

    A. 'a"b'   B. ab c   C. ab   D. a b

（9）判断字符串 a 和 b 是否相等，应该使用_____。

    A. `if(a==b)`   B. `if(a=b)`

    C. `if(strcmp(a,b))`   D. `if(strcpy(a,b))`

（10）若定义如下数组：

```
char a[]="abcdef";
char b[]={'a','b','c','d','e','f'};
```

下面说法正确的是_____。

    A. 数组 a 与数组 b 的长度相等   B. 数组 a 的长度小于数组 b 的长度

    C. 数组 a 的长度大于数组 b 的长度   D. 不能比较数组 a 和数组 b 的长度

2. 填空题

（1）C 语言中，数组元素引用时下标的下限为_____。若定义 float b [6]，则数组 b 下标的上限是_____。

（2）C 语言中，数组名是一个_____常量，不能对其进行赋值运算和自加、自减运算。

（3）C 语言中，二维数组元素在内存中的存放顺序是_____。

（4）在程序中使用字符串处理函数，必须在程序的开头写上语句#include<_____>。

（5）若定义"int[2][3]={{5,6},{3,2}};"，初始化后，a [1] [1] 得到的初始值是_____。

（6）运行下面程序时，若从键盘输入 B33<Enter>，程序输出结果为_____。

```
#include <stdio.h>
#include <string.h>
void main()
{ char a,b;
  a=getchar();
  scanf("%d",&b);
  a=a-'A'+'0';
  b=b*2;
  printf("%c%c\n",a,b);
}
```

（7）下面的程序要求以每行四个数据的形式输出 num 数组，请填写缺少的语句（注意大小写)。

```
#define M 20
#include <stdio.h>
void main()
{ int num[M],i;
  for(i=0;i<M;i++)
  scanf("%d",____);
  for(i=0;i<M;i++)
  {
    if(____)
    _____
    printf("%3d",num[i]);
  }
  printf("\n");
}
```

3. 编程题

(1) 求一个 4×4 矩阵对角线元素之和。

(2) 从键盘输入 10 个学生的成绩，建立一个一维数组，求学生的平均成绩。

(3) 用筛选法求 100 以内所有的素数。

(4) 输入一个字符串，将其中的大写字母均变成小写字母。

(5) 编程：在某字符串中取出指定长度的子串。

(6) 有一个已排好序的数组，今输入一个数，要求按原来排序的规律将它插入数组中。

第7章 函 数

像 C 语言这样的结构化语言，它的基本组成单位就是函数。

一个较大的程序一般应分为若干个子程序模块，每一个模块用来实现一个特定的功能。所有的高级语言中都有子程序这个概念，用子程序来实现模块的功能。

在 C 语言中，子程序的作用是由函数来完成的。一个 C 语言程序可由一个主函数和若干个函数构成。由主函数来调用其他函数，其他函数也可以互相调用。同一个函数可以被一个或多个函数调用任意多次。

前面章节中我们除了 main 函数之外，也在一直用 scanf 和 printf 等 C 语言开发包提供的函数。使用后可以发现函数的特点，编程者一次定义，多次使用，并且使得主函数中内容简洁，便于阅读。

本章主要内容包括：

- 函数的概念与意义
- 函数的定义与调用
- 函数的嵌套与递归
- 局部变量与全局变量

下面通过一个案例来了解函数的定义与调用。

【案例】 定义一个求两数之和函数，并使用。

案例实现

```c
float add(float x,float y)
{
    float z;
        z=x+y;
        return(z);
    }

main()
{
    float a,b,c;
        scanf("%f,%f",&a,&b);
        c=add(a,b);
        printf("sum=%f\n",c);
}
```

运行结果：

```
1.1, 2.2↙
sum is 3.300000
```

7.1　概　　述

　　C 语言源程序是由函数组成的。虽然在前面各章的程序中大都只有一个主函数 main()，但实用程序往往由多个函数组成。函数是 C 源程序的基本模块，通过对函数模块的调用实现特定的功能。C 语言中的函数相当于其他高级语言的子程序。C 语言不仅提供了极为丰富的库函数（如 Turbo C 提供了 300 多个库函数），还允许用户建立自己定义的函数。用户可把自己的算法编成一个个相对独立的函数模块，然后用调用的方法来使用函数。可以说 C 语言程序的全部工作都是由各式各样的函数完成的，所以也把 C 语言称为函数式语言。

　　由于采用了函数模块式的结构，C 语言易于实现结构化程序设计，使程序的层次结构清晰，便于程序的编写、阅读、调试。

　　在 C 语言中可从不同的角度对函数分类。

　　（1）从函数定义的角度看，函数可分为库函数和用户定义函数两种。

　　1）库函数：由 C 语言系统提供，用户无须定义，也不必在程序中作类型说明，只需在程序前包含有该函数原型的头文件即可在程序中直接调用。在前面各章的例题中反复用到的 printf、scanf、getchar、putchar、gets、puts、strcat 等函数均属此类。

　　2）用户定义函数：由用户按需要写的函数。对于用户自定义函数，不仅要在程序中定义函数本身，而且在主调函数模块中还必须对该被调函数进行类型说明，然后才能使用。

　　（2）C 语言的函数兼有其他语言中的函数和过程两种功能，从这个角度看，又可把函数分为有返回值函数和无返回值函数两种。

　　1）有返回值函数：此类函数被调用执行完后将向调用者返回一个执行结果，称为函数返回值。如数学函数即属于此类函数。由用户定义的这种要返回函数值的函数，必须在函数定义和函数说明中明确返回值的类型。

　　2）无返回值函数：此类函数用于完成某项特定的处理任务，执行完成后不向调用者返回函数值。这类函数类似于其他语言的过程。由于函数无须返回值，用户在定义此类函数时可指定它的返回为"空类型"。空类型的说明符为"void"。

　　（3）从主调函数和被调函数之间数据传送的角度看又可分为无参函数和有参函数两种。

　　1）无参函数：函数定义、函数说明及函数调用中均不带参数。主调函数和被调函数之间不进行参数传送。此类函数通常用来完成一组指定的功能，可以返回或不返回函数值。

　　2）有参函数：也称为带参函数。在函数定义及函数说明时都有参数，称为形式参数（简称为形参）。在函数调用时也必须给出参数，称为实际参数（简称为实参）。进行函数调用时，主调函数将把实参的值传送给形参，供被调函数使用。

　　（4）C 语言提供了极为丰富的库函数，这些库函数又可从功能角度作以下分类。

　　1）字符类型分类函数：用于对字符按 ASCII 码分类——字母，数字，控制字符，分隔符，大小写字母等。

　　2）转换函数：用于字符或字符串的转换；在字符量和各类数字量（整型、实型等）之间进行转换；在大、小写之间进行转换。

　　3）目录路径函数：用于文件目录和路径操作。

　　4）诊断函数：用于内部错误检测。

5）图形函数：用于屏幕管理和各种图形功能。

6）输入/输出函数：用于完成输入/输出功能。

7）接口函数：用于与 DOS、BIOS 和硬件的接口。

8）字符串函数：用于字符串操作和处理。

9）内存管理函数：用于内存管理。

10）数学函数：用于数学函数计算。

11）日期和时间函数：用于日期、时间转换操作。

12）进程控制函数：用于进程管理和控制。

13）其他函数：用于其他各种功能。

在 C 语言中，所有的函数定义，包括主函数 main 在内，都是平行的。也就是说，在一个函数的函数体内，不能再定义另一个函数，即不能嵌套定义。但是函数之间允许相互调用，也允许嵌套调用。习惯上把调用者称为主调函数。函数还可以自己调用自己，称为递归调用。

main 函数是主函数，它可以调用其他函数，而不允许被其他函数调用。因此，C 语言程序的执行总是从 main 函数开始，完成对其他函数的调用后再返回到 main 函数，最后由 main 函数结束整个程序。一个 C 语言源程序必须有，也只能有一个主函数 main。

7.2　函　数　定　义

1. 无参函数的定义形式

   类型标识符　函数名()

   {

   　　语句

   }

其中，类型标识符和函数名称为函数头。类型标识符指明了本函数的类型，函数的类型实际上是函数返回值的类型。该类型标识符与前面介绍的各种说明符相同。函数名是由用户定义的标识符，函数名后有一个空括号，其中无参数，但括号不可少。{}中的内容称为函数体。在函数体中声明部分，是对函数体内部所用到的变量的类型说明。

很多情况下都不要求无参函数有返回值，此时函数类型符可以写为 void。我们可以如下改写一个函数定义。

```
void Hello()
{
    printf("Hello,world \n");
}
```

定义一个函数，Hello 作为函数名，其余不变。Hello 函数是一个无参函数，当被其他函数调用时，输出 Hello world 字符串。

试着阅读下面完整的程序，看看运行结果是什么。

```
void Hello()
{
    printf("Hello,world \n");
}
```

```
main()
{
    Hello();
    Hello();
    Hello();
}
```

2. 有参函数有返回值定义的一般形式

类型标识符 函数名（形式参数表列）

```
    {
        语句
    }
```

有参函数比无参函数多了一个内容，即形式参数表列。在形参表中给出的参数称为形式参数，它们可以是各种类型的变量，各参数之间用逗号间隔。在进行函数调用时，主调函数将赋予这些形式参数实际的值。形参既然是变量，必须在形参表中给出形参的类型说明。

例如，定义一个函数，用于求两个数中的大数，可写为

```
int max(int a,int b)
{
  if(a>b)
    return a;
  else
    return b;
}
```

第 1 行说明 max 函数是一个整型函数，其返回的函数值是一个整数。形参 a、b 均为整型量。a、b 的具体值是由主调函数在调用时传送过来的。在{}中的函数体内，除形参外没有使用其他变量，因此只有语句而没有声明部分。在 max 函数体中的 return 语句是把 a（或 b）的值作为函数的值返回给主调函数。有返回值函数中至少应有一个 return 语句。

在 C 语言程序中，一个函数的定义可以放在任意位置，既可放在主函数 main 之前，也可放在 main 之后。

例如，可把 max 函数置在 main 之后，也可以把它放在 main 之前。

【例 7-1】　定义函数，实现两个数比较大小，返回大的数。

```
int max(int a,int b)
{
    if(a>b)
    {
        return a;
    }
    else
    {
        return b;
    }
}
main()
{
    int max(int a,int b);
```

```
    int x,y,z;
    printf("input two numbers:\n");
    scanf("%d%d",&x,&y);
    z=max(x,y);
    printf("maxmum=%d",z);
}
```

现在我们可以从函数定义、函数说明及函数调用的角度来分析整个程序，从中进一步了解函数的各种特点。

程序的第 1 行至第 11 行为 max 函数定义。进入主函数后，因为准备调用 max 函数，故先对 max 函数进行说明。函数定义和函数说明并不是一回事，在后面还要专门讨论。可以看出函数说明与函数定义中的函数头部分相同，但是末尾要加分号。程序第 18 行为调用 max 函数，并把 x、y 中的值传送给 max 的形参 a、b。max 函数执行的结果（a 或 b）将返回给变量 z。最后由主函数输出 z 的值。

7.3 函数的参数和函数的值

7.3.1 形式参数和实际参数

前面已经介绍过，函数的参数分为形参和实参两种。在本小节中，进一步介绍形参、实参的特点和两者的关系。形参出现在函数定义中，在整个函数体内都可以使用，离开该函数则不能使用。实参出现在主调函数中，进入被调函数后，实参变量也不能使用。形参和实参的功能是作数据传送。发生函数调用时，主调函数把实参的值传送给被调函数的形参从而实现主调函数向被调函数的数据传送。

函数的形参和实参具有以下特点。

（1）形参变量只有在被调用时才分配内存单元，在调用结束时，即刻释放所分配的内存单元。因此，形参只有在函数内部有效。函数调用结束返回主调函数后则不能再使用该形参变量。

（2）实参可以是常量、变量、表达式、函数等，无论实参是何种类型的量，在进行函数调用时，它们都必须具有确定的值，以便把这些值传送给形参。因此应预先用赋值、输入等办法使实参获得确定值。

（3）实参和形参在数量上、类型上、顺序上应严格一致，否则会发生类型不匹配的错误。

（4）函数调用中发生的数据传送是单向的。即只能把实参的值传送给形参，而不能把形参的值反向地传送给实参。因此，在函数调用过程中，形参的值发生改变，而实参中的值不会变化。

【例 7-2】 定义一个函数，函数的功能是求 1+2+3+4+…+n 的值。

```
int s(int n)
{
    int i;
    for(i=n-1;i>=1;i--)
      n=n+i;
    printf("n=%d\n",n);
}
```

```
main()
{
    int n;
    printf("input number\n");
    scanf("%d",&n);
    s(n);
    printf("n=%d\n",n);
}
```

本程序中定义了一个函数 s，该函数的功能是求 n 个数的值。在主函数中输入 n 值，并作为实参，在调用时传送给 s 函数的形参量 n（注意，本例的形参变量和实参变量的标识符都为 n，但这是两个不同的量，各自的作用域不同）。在主函数中用 printf 语句输出一次 n 值，这个 n 值是实参 n 的值。在函数 s 中也用 printf 语句输出了一次 n 值，这个 n 值是形参最后得的 n 值 0。从运行情况看，输入 n 值为 100，即实参 n 的值为 100。把此值传给函数 s 时，形参 n 的初值也为 100，在执行函数过程中，形参 n 的值变为 5050。返回主函数之后，输出实参 n 的值仍为 100。可见实参的值不随形参的变化而变化。

7.3.2　函数的返回值

函数的值是指函数被调用之后，执行函数体中的程序段所取得的并返回给主调函数的值。关于返回值，需要进行如下说明。

（1）函数的值只能通过 return 语句返回主调函数。

return　语句的一般形式为

return 表达式；

或者为

return（表达式）；

该语句的功能是计算表达式的值，并返回给主调函数。在函数中允许有多个 return 语句，但每次调用只能有一个 return 语句被执行，因为执行完 return 函数程序就结束了，因此只能返回一个函数值。

（2）函数值的类型和函数定义中函数的类型应保持一致。如果两者不一致，则以函数类型为准，自动进行类型转换。

（3）如函数值为整型，在函数定义时可以省去类型说明。

（4）不返回函数值的函数，可以明确定义为"空类型"，类型说明符为"void"。

【例 7-3】　定义一个函数，两个数比较大小，返回比较大的值。

```
main()
{
    float a,b;
    int c;
    scanf("%f,%f",&a,&b);
    c=max(a,b);
    printf("Max is %d\n",c);
}
float max(float x,float y)
{
    float z;
    z=x>y?x:y;
```

```
    return(z);
}
```
运行情况：

```
1.5，2.5✓
Max is 2
```

7.4　函　数　的　调　用

7.4.1　函数调用的一般形式

C 语言中，函数调用的一般形式为

　　　函数名（实际参数表）

对无参函数调用时则无实际参数表。实际参数表中的参数可以是常数、变量或其他构造类型数据及表达式。各实参之间用逗号分隔。

【例 7-4】　输出 n 的阶乘值。n 由键盘输入。

```
main()
{
    int n ;
    float f;
    float fac(int);
    scanf("%d",&n);
    f=fac(n);
    printf("%d!=%f\n",n,f);
}
float fac(int s)
{
    float fa=1;
    for(i=1;i<=s;i++)
    {
            fa=fa*i;
    }
    return(fa);
}
```

7.4.2　函数调用的方式

在 C 语言中，可以用以下几种方式调用函数。

（1）函数表达式：函数作为表达式中的一项出现在表达式中，以函数返回值参与表达式的运算。这种方式要求函数是有返回值的。例如，z=max（x，y）是一个赋值表达式，把 max 的返回值赋予变量 z。

（2）函数语句：函数调用的一般形式加上分号即构成函数语句。例如，printf("%d",a);scanf("%d",&b);都是以函数语句的方式调用函数。

（3）函数实参：函数作为另一个函数调用的实际参数出现。这种情况是把该函数的返回值作为实参进行传送，因此要求该函数必须是有返回值的。例如，printf("%d",max(x,y));即是把 max 调用的返回值又作为 printf 函数的实参来使用的。在函数调用中还应该注意的一个问题是求值顺序的问题。所谓求值顺序是指对实参表中各量是自左至右使用呢，还是自右至左使用。对此，各系统的规定不一定相同。

【例 7-5】　printf 函数调用。

```
main()
{
    int i=8;
    printf("%d\n%d\n%d\n%d\n",++i,--i,i++,i--);
}
```

如按照从右至左的顺序求值。运行结果应为

8
7
7
8

如对 printf 语句中的+ +i，− −i，i+ +，i−−从左至右求值，结果应为

9
8
8
9

应特别注意的是，无论是从左至右求值，还是自右至左求值，其输出顺序都是不变的，即输出顺序总是和实参表中实参的顺序相同。由于 Turbo　C 是自右至左求值，所以结果为 8，7，7，8。

7.4.3　被调用函数的声明和函数原型

在主调函数中调用某函数之前应对该被调函数进行说明（声明），这与使用变量之前要先进行变量说明是一样的。在主调函数中对被调函数作说明的目的是使编译系统知道被调函数返回值的类型，以便在主调函数中按此种类型对返回值作相应的处理。

其一般形式为

类型说明符　被调函数名（类型　形参，类型　形参…）；

或为

类型说明符　被调函数名（类型，类型…）；

括号内给出了形参的类型和形参名，或只给出形参类型。这便于编译系统进行检错，以防止可能出现的错误。

C 语言中又规定在以下几种情况时可以省去主调函数中对被调函数的函数说明。

（1）如果被调函数的返回值是整型或字符型时，可以不对被调函数作说明，而直接调用。这时系统将自动对被调函数返回值按整型处理。

（2）当被调函数的函数定义出现在主调函数之前时，在主调函数中也可以不对被调函数再作说明而直接调用函数 max 的定义放在 main 函数之前，因此可在 main 函数中省去对 max 函数的函数说明 int max（int a，int b）。

（3）如在所有函数定义之前，在函数外预先说明了各个函数的类型，则在以后的各主调函数中，可不再对被调函数作说明。例如：

```
char str(int a);
float f(float b);
```

```
main()
{
…
}
char str(int a)
{
…
}
float f(float b)
{
…
}
```

其中，第 1，2 行对 str 函数和 f 函数预先作了说明。因此在以后各函数中无须对 str 和 f 函数再作说明就可直接调用。

（4）对库函数的调用不需要再作说明，但必须把该函数的头文件用 include 命令包含在源文件前部。

7.5 函数的嵌套调用

C 语言中不允许作嵌套的函数定义。因此各函数之间是平行的，不存在上一级函数和下一级函数的问题。但是 C 语言允许在一个函数的定义中出现对另一个函数的调用。这样就出现了函数的嵌套调用，即在被调函数中又调用其他函数。

【例 7-6】 计算 $s=2^2!+3^2!$

本题可编写两个函数，一个是用来计算平方值的函数 f1，另一个是用来计算阶乘值的函数 f2。主函数先调 f1 计算出平方值，再在 f1 中以平方值为实参，调用 f2 计算其阶乘值，然后返回 f1，再返回主函数，在循环程序中计算累加和。

```
long f1(int p)
{
    int k;
    long r;
    long f2(int);
    k=p*p;
    r=f2(k);
    return r;
}
long f2(int q)
{
    long c=1;
    int i;
    for(i=1;i<=q;i++)
    {
      c=c*i;
    }
    return c;
}
main()
```

```
{
    int i;
    long s=0;
    for(i=2;i<=3;i++)
    {
        s=s+f1(i);
    }
    printf("\ns=%ld\n",s);
}
```

在程序中，函数 f1 和 f2 均为长整型，都在主函数之前定义，故不必再在主函数中对 f1 和 f2 加以说明。在主程序中，执行循环程序依次把 i 值作为实参调用函数 f1 求 i2 值。在 f1 中又发生对函数 f2 的调用，这时是把 i2 的值作为实参去调 f2，在 f2 中完成求 i2! 的计算。f2 执行完毕把 C 值（即 i2!）返回给 f1，再由 f1 返回主函数实现累加。至此，由函数的嵌套调用实现了题目的要求。由于数值很大，所以函数和一些变量的类型都说明为长整型，否则会造成计算错误。

7.6　函数的递归调用

一个函数在它的函数体内调用它自身称为递归调用。这种函数称为递归函数。C 语言允许函数的递归调用。在递归调用中，主调函数又是被调函数。执行递归函数将反复调用其自身，每调用一次就进入新的一层。

例如有函数 f 如下：

```
int f(int x)
{
    int y;
    z=f(y);
    return z;
}
```

这个函数是一个递归函数。但是运行该函数将无休止地调用其自身，这当然是不正确的。为了防止递归调用无终止地进行，必须在函数内有终止递归调用的手段。常用的办法是加条件判断，满足某种条件后就不再作递归调用，然后逐层返回。下面举例说明递归调用的执行过程。

【例 7-7】　用递归法计算 $n!$。

用递归法计算 $n!$ 可用下述公式表示。

$$\begin{cases} n!=1 & (n=0,1) \\ n \times (n-1)! & (n>1) \end{cases}$$

按公式可编程如下。

```
long ff(int n)
{
    long f;
    if(n<0)
    {
```

```
        printf("n<0,input error");
    }
    else if(n==0||n==1)
    {
        f=1;
    }
    else
    {
        f=ff(n-1)*n;
    }
    return(f);
}
main()
{
    int n;
    long y;
    printf("\ninput a inteager number:\n");
    scanf("%d",&n);
    y=ff(n);
    printf("%d!=%ld",n,y);
}
```

程序中给出的函数 ff 是一个递归函数。主函数调用 ff 后即进入函数 ff。如果 n<0、n≠0 或 n=1 时都将结束函数的执行，否则就递归调用 ff 函数自身。由于每次递归调用的实参为 n−1，即把 n−1 的值赋予形参 n，最后当 n−1 的值为 1 时再作递归调用，形参 n 的值也为 1，将使递归终止。然后可逐层退回。下面我们再举例说明该过程。设执行本程序时 n 输入为 5，即求 5!。在主函数中的调用语句即为 y=ff（5），进入 ff 函数后，由于 n=5，不等于 0 或 1，故应执行 f=ff（n−1）×n，即 f=ff（5−1）×5。该语句对 ff 作递归调用即 ff（4）。进行四次递归调用后，ff 函数形参取得的值变为 1，故不再继续递归调用而开始逐层返回主调函数。ff（1）的函数返回值为 1，ff（2）的返回值为 1×2=2，ff（3）的返回值为 2×3=6，ff（4）的返回值为 6×4=24，最后返回值 ff（5）为 24×5=120。

【例 7-8】 有 5 个人坐在一起，问第 5 个人年龄，他说比第 4 个人大 2 岁。问第 4 个人年龄，他说比第 3 个人大 2 岁。问第 3 个人年龄，又说比第 2 个人大 2 岁。问第 2 个人年龄，说比第 1 个人大 2 岁。最后问第 1 个人，他说是 10 岁。请问第 5 个人多大。

$age(5) = age(4) + 2$

$age(4) = age(3) + 2$

$age(3) = age(2) + 2$

$age(2) = age(1) + 2$

$age(1) = 10$

可以用式子表述如下。

$$\begin{cases} 10 & (n=1) \\ age(n) = age(n-1) + 2 & (n>1) \end{cases}$$

可以用一个函数来描述上述递归过程。

age(int n)   /*求年龄的递归函数*/

```
{
    int c;                    /*c用作存放函数的返回值的变量*/
    if(n==1)
    {
        c=10;
    }
    else
    {
        c=age(n-1)+2;
    }
    return(c);
}
main()
{
    printf("%d",age(5));
}
```

运行结果如下。

18

7.7 数组作为函数参数

数组可以作为函数的参数使用，进行数据传送。数组用作函数参数有两种形式，一种是把数组元素（下标变量）作为实参使用；另一种是把数组名作为函数的形参和实参使用。

1. 数组元素作函数实参

数组元素就是下标变量，它与普通变量并无区别。因此它作为函数实参使用与普通变量是完全相同的，在发生函数调用时，把作为实参的数组元素的值传送给形参，实现单向的值传送。

【例 7-9】判别一个整数数组中各元素的值，若大于 0 则输出该值，若小于等于 0 则输出 0 值。编程如下。

```
void nzp(int v)
{
    if(v>0)
    {
      printf("%d ",v);
    }
    else
    {
      printf("%d ",0);
    }
}
main()
{
    int a[5],i;
    printf("input 5 numbers\n");
    for(i=0;i<5;i++)
    {
```

```
scanf("%d",&a[i]);
    nzp(a[i]);
}
}
```

本程序中首先定义一个无返回值函数 nzp，并说明其形参 v 为整型变量。在函数体中根据 v 值输出相应的结果。在 main 函数中用一个 for 语句输入数组各元素，每输入一个元素就以该元素作实参调用一次 nzp 函数，即把 a [i] 的值传送给形参 v，供 nzp 函数使用。

2. 数组名作为函数参数

用数组名作函数参数与用数组元素作实参有以下几点不同。

（1）用数组元素作实参时，只要数组类型和函数的形参变量的类型一致，那么作为下标变量的数组元素的类型也和函数形参变量的类型是一致的。因此，并不要求函数的形参也是下标变量。换句话说，对数组元素的处理是按普通变量对待的。用数组名作函数参数时，则要求形参和相对应的实参都必须是类型相同的数组，都必须有明确的数组说明。当形参和实参二者不一致时，即会发生错误。

（2）在普通变量或下标变量作函数参数时，形参变量和实参变量是由编译系统分配的两个不同的内存单元。在函数调用时发生的值传送是把实参变量的值赋予形参变量。在用数组名作函数参数时，不是进行值的传送，即不是把实参数组的每一个元素的值都赋予形参组的各个元素。因为实际上形参数组并不存在，编译系统不为形参数组分配内存。那么，数据的传送是如何实现的呢？数组名就是数组的首地址。因此在数组名作函数参数时所进行的传送只是地址的传送，也就是说把实参数组的首地址赋予形参数组名。形参数组名取得该首地址之后，也就等于有了实在的数组。实际上是形参数组和实参数组为同一数组，共同拥有一段内存空间。

【例 7-10】 数组 *a* 中存放了一个学生 5 门课程的成绩，求平均成绩。

```
float aver(float a[5])
{
    int i;
    float av,s=0;
    for(i=0;i<5;i++)
    {
      s=s+a[i];
    }
    av=s/5;
    return av;
}
void main()
{
    float sco[5],av;
    int i;
    printf("\ninput 5 scores:\n");
    for(i=0;i<5;i++)
    {
      scanf("%f",&sco[i]);
    }
    av=aver(sco);
```

```
    printf("average score is %5.2f",av);
}
```

本程序首先定义了一个实型函数 aver，有一个形参为实型数组 a，长度为 5。在函数 aver 中，把各元素值相加求出平均值，返回给主函数。主函数 main 中首先完成数组 sco 的输入，然后以 sco 作为实参调用 aver 函数，函数返回值送 av，最后输出 av 值。从运行情况可以看出，程序实现了所要求的功能。

（3）前面已经讨论过，在变量作函数参数时，所进行的值传送是单向的。即只能从实参传向形参，不能从形参传回实参。形参的初值和实参相同，而形参的值发生改变后，实参并不变化，两者的终值是不同的。而当用数组名作函数参数时，情况则不同。由于实际上形参和实参为同一数组，因此当形参数组发生变化时，实参数组也随之变化。当然这种情况不能理解为发生了"双向"的值传递。但从实际情况来看，调用函数之后实参数组的值将由于形参数组值的变化而变化。

【例 7-11】　用数组名作为函数参数进行地址传递，将数组中的负值数组元素清 0，并输出，比较函数调用前后的变化。

```
void nzp(int a[5])
{
    int i;
    printf("\nvalues of array a are:\n");
    for(i=0;i<5;i++)
    {
      if(a[i]<0)
      {
          a[i]=0;
      }
      printf("%d ",a[i]);
    }
}
main()
{
    int b[5],i;
    printf("\ninput 5 numbers:\n");
    for(i=0;i<5;i++)
    {
        scanf("%d",&b[i]);
    }
    printf("initial values of array b are:\n");
    for(i=0;i<5;i++)
    {
      printf("%d ",b[i]);
    }
    nzp(b);
    printf("\nlast values of array b are:\n");
    for(i=0;i<5;i++)
    {
      printf("%d ",b[i]);
    }
}
```

　　本程序中函数 nzp 的形参为整数组 a，长度为 5。主函数中实参数组 b 也为整型，长度也为 5。在主函数中首先输入数组 b 的值，再输出数组 b 的初始值，然后以数组名 b 为实参调用 nzp 函数。在 nzp 中，按要求把负值单元清 0，并输出形参数组 a 的值。返回主函数之后，再次输出数组 b 的值。从运行结果可以看出，数组 b 的初值和终值是不同的，数组 b 的终值和数组 a 是相同的。这说明实参形参为同一数组，它们的值同时得以改变。

　　用数组名作为函数参数时还应注意以下几点。

　　(1) 形参数组和实参数组的类型必须一致，否则将引起错误。

　　(2) 形参数组和实参数组的长度可以不相同，因为在调用时，只传送首地址而不检查形参数组的长度。当形参数组的长度与实参数组不一致时，虽不至于出现语法错误（编译能通过），但程序执行结果将与实际不符，这是应予以注意的。

【例 7-12】 本例题实参和形参数组长度不相同，实现和［例 7-12］相同的功能。

```
void nzp(int a[8])
{
    int i;
    printf("\nvalues of array aare:\n");
    for(i=0;i<8;i++)
    {
        if(a[i]<0)
        {
            a[i]=0;
        }
        printf("%d ",a[i]);
    }
}
main()
{
    int b[5],i;
    printf("\ninput 5 numbers:\n");
    for(i=0;i<5;i++)
    {
        scanf("%d",&b[i]);
    }
    printf("initial values of array b are:\n");
    for(i=0;i<5;i++)
    {
        printf("%d ",b[i]);
    }
    nzp(b);
    printf("\nlast values of array b are:\n");
    for(i=0;i<5;i++)
    {
        printf("%d ",b[i]);
    }
}
```

　　在函数形参表中，允许不给出形参数组的长度，或用一个变量来表示数组元素的个数。

【例 7-13】 本例题实参将数组长度传递给形参，使得实参和形参数组长度相同，实现和

[例 7-12] 相同的功能。

```
void nzp(int a[],int n)
{
    int i;
    printf("\nvalues of array a are:\n");
    for(i=0;i<n;i++)
    {
      if(a[i]<0)
      {
          a[i]=0;
      }
      printf("%d ",a[i]);
    }
}
main()
{
    int b[5],i;
    printf("\ninput 5 numbers:\n");
    for(i=0;i<5;i++)
    {
      scanf("%d",&b[i]);
    }
    printf("initial values of array b are:\n");
    for(i=0;i<5;i++)
    {
      printf("%d ",b[i]);
    }
    nzp(b,5);
    printf("\nlast values of array b are:\n");
    for(i=0;i<5;i++)
    {
      printf("%d ",b[i]);
    }
}
```

本程序 nzp 函数形参数组 a 没有给出长度，由 n 动态确定该长度。在 main 函数中，函数调用语句为 nzp（b，5），其中实参 5 将赋予形参 n 作为形参数组的长度。

多维数组也可以作为函数的参数。在函数定义时对形参数组可以指定每一维的长度，也可省去第一维的长度。因此，以下写法都是合法的。int MA（int a [3] [10]）或 int MA（int a [] [10]）。

7.8　局部变量和全局变量

形参变量只在被调用期间才分配内存单元，调用结束立即释放。这一点表明形参变量只有在函数内才是有效的，离开该函数就不能再使用了。这种变量有效性的范围称变量的作用域。不仅对于形参变量，C 语言中所有的量都有自己的作用域。变量说明的方式不同，其作用域也不同。C 语言中的变量，按作用域范围可分为两种，即局部变量和全局变量。

7.8.1　局部变量

局部变量也称为内部变量。局部变量是在函数内作定义说明的,其作用域仅限于函数内,离开该函数后再使用这种变量是非法的。例如:

```
int f1(int a)              /*函数 f1*/
{
  int b,c;
  …
}
```

a,b,c 有效

```
int f2(int x)              /*函数 f2*/
{
  int y,z;
…
}
```

x,y,z 有效

```
main()
{
int m,n;
…
}
```

m，n 有效

在函数 f1 内定义了三个变量,a 为形参,b、c 为一般变量。在 f1 的范围内 a、b、c 有效。或者说 a、b、c 变量的作用域限于 f1 内。同理,x、y、z 的作用域限于 f2 内。m、n 的作用域限于 main 函数内。关于局部变量的作用域还要说明以下几点。

(1) 主函数中定义的变量也只能在主函数中使用,不能在其他函数中使用。同时,主函数中也不能使用其他函数中定义的变量。因为主函数也是一个函数,它与其他函数是平行关系。这一点是与其他语言不同的,应予以注意。

(2) 形参变量是属于被调函数的局部变量,实参变量是属于主调函数的局部变量。

(3) 允许在不同的函数中使用相同的变量名,它们代表不同的对象,分配不同的单元,互不干扰,也不会发生混淆。如在前例中,形参和实参的变量名都为 n,是完全允许的。

(4) 在复合语句中也可定义变量,其作用域只在复合语句范围内。

【例 7-14】　变量在复合语句中的应用。

```
main()
{
    int i=2,j=3,k;
    k=i+j;
    {
      int k=8;
      printf("%d\n",k);
    }
    printf("%d\n",k);
}
```

本程序在 main 中定义了 i、j、k 三个变量,其中 k 未赋初值。而在复合语句内又定义了一个变量 k，并赋初值为 8。应该注意这两个 k 不是同一个变量。在复合语句外由 main 定义的 k 起作用，而在复合语句内则由在复合语句内定义的 k 起作用。因此程序第 4 行的 k 为 main 所定义，其值应为 5。第 7 行输出 k 值，该行在复合语句内，由复合语句内定义的 k 起作用，其初值为 8，故输出值为 8，第 9 行输出 i、k 值。i 是在整个程序中有效的，第 7 行对 i 赋值为 3，故输出也为 3。而第 9 行已在复合语句之外，输出的 k 应为 main 所定义的 k，此 k 值由第 4 行已获得为 5，故输出也为 5。

7.8.2　全局变量

全局变量也称为外部变量，它是在函数外部定义的变量。它不属于哪一个函数，它属于一个源程序文件。其作用域是整个源程序。在函数中使用全局变量，一般应作全局变量说明。只有在函数内经过说明的全局变量才能使用。全局变量的说明符为 extern。但在一个函数之前定义的全局变量，在该函数内使用可不再加以说明。例如：

```
int a,b;            /*外部变量*/
void f1()           /*函数 f1*/
{
    …
}
float x,y;          /*外部变量*/
int fz()            /*函数 fz*/
{
    …
}
main()              /*主函数*/
{
    …
}
```

从上例可以看出 a、b、x、y 都是在函数外部定义的外部变量，都是全局变量。但 x、y 定义在函数 f1 之后，而在 f1 内又无对 x、y 的说明，所以它们在 f1 内无效。a、b 定义在源程序最前面，因此在 f1、f2 及 main 内不加说明也可使用。

【例 7-15】　输入正方体的长、宽、高 l、w、h。求体积及三个面 $x×y$、$x×z$、$y×z$ 的面积。

```
int s1,s2,s3;
int vs(int a,int b,int c)
{
    int v;
    v=a*b*c;
    s1=a*b;
    s2=b*c;
    s3=a*c;
    return v;
}
main()
{
 int v,l,w,h;
 printf("\ninput length,width and height\n");
 scanf("%d%d%d",&l,&w,&h);
 v=vs(l,w,h);
 printf("\nv=%d,s1=%d,s2=%d,s3=%d\n",v,s1,s2,s3);
}
```

【例 7-16】 外部变量与局部变量同名。

```
int a=3,b=5;              /*a,b 为外部变量*/
max(int a,int b)          /*a,b 为外部变量*/
{
    int c;
    c=a>b?a:b;
    return(c);
}
main()
{
    int a=8;
    printf("%d\n",max(a,b));
}
```

如果同一个源文件中，外部变量与局部变量同名，则在局部变量的作用范围内，外部变量被"屏蔽"，即它不起作用。

7.9   变量的存储类别

7.9.1   动态存储方式与静态动态存储方式

从变量值存在的作时间（即生存期）角度来分，可以分为静态存储方式和动态存储方式。

静态存储方式：指在程序运行期间分配固定的存储空间的方式。

动态存储方式：指在程序运行期间根据需要进行动态分配存储空间的方式。

用户存储空间可以分为以下三个部分。

（1）程序区。

（2）静态存储区。

（3）动态存储区。

全局变量全部存放在静态存储区，在程序开始执行时给全局变量分配存储区，程序执行完毕就释放。在程序执行过程中它们占据固定的存储单元，而不动态地进行分配和释放。动态存储区存放以下数据：

（1）函数形式参数。

（2）自动变量（未加 static 声明的局部变量）。

（3）函数调用实的现场保护和返回地址。

对以上这些数据，在函数开始调用时分配动态存储空间，函数结束时释放这些空间。 在 C 语言中，每个变量和函数有两个属性——数据类型和数据的存储类别。

7.9.2   auto 变量

函数中的局部变量，如不专门声明为 static 存储类别，都是动态地分配存储空间的，存储在动态存储区中。函数中的形参和在函数中定义的变量（包括在复合语句中定义的变量）都属此类。在调用该函数时系统会给它们分配存储空间，在函数调用结束时就自动释放这些存储空间。这类局部变量称为自动变量。自动变量用关键字 auto 作存储类别的声明。例如：

```
int f(int a)              /*定义 f 函数,a 为参数*/
{
```

```
    auto int b,c=3;                 /*定义 b,c 自动变量*/
    …
}
```

a 是形参，b、c 是自动变量，对 c 赋初值 3。执行完 f 函数后，自动释放 a、b、c 所占的存储单元。

关键字 auto 可以省略，auto 不写则隐含定为"自动存储类别"，属于动态存储方式。

7.9.3　用 static 声明局部变量

有时希望函数中的局部变量的值在函数调用结束后不消失而保留原值，这时就应该指定局部变量为"静态局部变量"，用关键字 static 进行声明。

【例 7-17】　考察静态局部变量的值。

```
f(int a)
{
  auto b=0;
  static c=3;
  b=b+1;
  c=c+1;
  return(a+b+c);
}
main()
{
  int a=2,i;
  for(i=0;i<3;i++)
  {
      printf("%d",f(a));
  }
}
```

对静态局部变量的说明如下。

（1）静态局部变量属于静态存储类别，在静态存储区内分配存储单元。在程序整个运行期间都不释放。而自动变量（即动态局部变量）属于动态存储类别，占动态存储空间，函数调用结束后即释放。

（2）静态局部变量在编译时赋初值，即只赋初值一次；而对自动变量赋初值是在函数调用时进行，每调用一次函数重新给一次初值，相当于执行一次赋值语句。

（3）如果在定义局部变量时不赋初值的话，则对静态局部变量来说，编译时自动赋初值 0（对数值型变量）或空字符（对字符变量）。而对自动变量来说，如果不赋初值则它的值是一个不确定的值。

【例 7-18】　打印 1～5 的阶乘值。

```
int fac(int n)
{
  static int f=1;
  f=f*n;
  return(f);
}
main()
{
  int i;
```

```
    for(i=1;i<=5;i++)
    {
        printf("%d!=%d\n",i,fac(i));
    }
}
```

7.9.4　register 变量

为了提高效率，C 语言允许将局部变量的值放在 CPU 中的寄存器中，这种变量叫"寄存器变量"，用关键字 register 作声明。

【例 7-19】　使用寄存器变量。

```
int fac(int n)
{
  register int i,f=1;
  for(i=1;i<=n;i++)
  {
      f=f*i;
  }
 return(f);
}
main()
{
    int i;
    for(i=0;i<=5;i++)
    {
        printf("%d!=%d\n",i,fac(i));
    }
}
```

说明：

（1）只有局部自动变量和形式参数可以作为寄存器变量。

（2）一个计算机系统中的寄存器数目有限，不能定义任意多个寄存器变量。

（3）局部静态变量不能定义为寄存器变量。

7.9.5　用 extern 声明外部变量

外部变量（即全局变量）是在函数的外部定义的，它的作用域为从变量定义处开始，到本程序文件的末尾。如果外部变量不在文件的开头定义，其有效的作用范围只限于定义处到文件终了。如果在定义点之前的函数想引用该外部变量，则应该在引用之前用关键字 extern 对该变量作"外部变量声明"。表示该变量是一个已经定义的外部变量。有了此声明，就可以从"声明"处起，合法地使用该外部变量。

【例 7-20】　用 extern 声明外部变量，扩展程序文件中的作用域。

```
int max(int x,int y)
{
  int z;
  z=x>y?x:y;
  return(z);
}
main()
{
```

```
    extern A,B;
    printf("%d\n",max(A,B));
}
int A=13,B=-8;
```

说明：在本程序文件的最后 1 行定义了外部变量 A 和 B。但由于外部变量定义的位置在函数 main 之后，因此本来在 main 函数中不能引用外部变量 A、B。现在我们在 main 函数中用 extern 对 A 和 B 进行"外部变量声明"，就可以从"声明"处起，合法地使用该外部变量 A 和 B。

7.10 函 数 举 例

【例 7-21】 写一个函数并调用，解决一个小球从 h 米高度自由落下，每次落下后反弹回原高度的一半再落下，求它在第 n 次落地时共经过多少米？

```
void sm(float s)
{
    int i;
    float h=100;
    for(i=1;i<=10;i++)
    {
        h=h/2;
            s=s+h*2;
    }
    printf("\nh=%f\ns=%f\n",h,s);
}
main()
{
    float sum=12;
    sm(sum);
}
```

【例 7-22】 写一个函数并调用，求数列 $\dfrac{1}{2}$，$\dfrac{2}{3}$，$\dfrac{3}{5}$，$\dfrac{5}{8}$，$\dfrac{8}{13}$，$\dfrac{13}{21}$ ……前 n 项之和。

```
void sum(float s)
{
  int a=2,b=1,n=2,t;
  s=a/b;
  while(n<=20)
  {
    t=a;
    a=a+b;
    b=t;
    s=s+(float)a/b;
    n++;
  }
  printf("\n s=%f \n",s);
}
main()
{
```

```
    float su=5;
    sum(su);
}
```

【例 7-23】　写一个函数，求 $S=a+aa+aaa+aaaa+\cdots+aaa\cdots aaaa$（$n$ 个 a）中的第 n 项，通过调用计算 S 的值。

```
#include<stdio.h>
#include<math.h>
void total(long sum)
{
 int a,n,t,i,s=0;
 sum=0;
 scanf("%d,%d",&a,&n);
 for(i=1;i<=n;i++)
 {
 t=a*pow(10,(i-1));
 s=s+t;
 sum+=s;
 }
 printf("\n sum=%d \n",sum);
 return(sum);
}
main()
{
    long su=0;
    total(su);
}
```

【例 7-24】　写一个函数并调用，对某个浮点数 h 中的值保留 2 位小数，并对第三位进行四舍五入（规定浮点数都是正数）。例如，h 值为 8.32433，则函数返回 8.32；h 值为 8.32533，则函数返回 8.33。（因为 printf 函数本身当打印 %.2f 时可四舍五入，本题不可以直接输入、打印，而需要进行截取位数等运算，然后再输出。）

```
#include<stdio.h>
void n(float a)
{
 int b,c,e;
 float d;
 b=(a*1000)/10;
 c=b/10;
 e=b%10;
 if(e>5)
{
 c=c+1;
 d=c*0.01;
}
 else
{
 d=c*0.01;
}
 printf("the num is %f\n",d);
```

```
}
main()
{
 float a;
 scanf("%f",&a);
 n(a);
}
```

【例 7-25】 写一个函数，将一个字符变成距离它的第 3 个字符，（如输入 a，变成 c；输入 b，变成 d），从键盘上输入一行字符，通过函数调用实现转换。

```
#include<stdio.h>
void ch(char c)
{
  while((c=getchar())!='\n')
  {
 if(c>='a'&&c<='x' || c>='A'&&c<='X')
 {
      c=c+2;
   }
   else if(c=='y'||c=='z'||c=='Y'||c=='Z')
   {
      c=c-24;
   }
   printf("%c",c);
  }
}
main()
{
  char a;
  a=getchar();
  ch(a);
}
```

7.11　上　机　实　训

7.11.1　实训目的
（1）掌握函数定义方法及调用规则。
（2）掌握实参与形参的对应关系及"值传递"的方法。
（3）掌握函数"地址传递"的方法。

7.11.2　实训内容
（1）找出下面程序的错误，请改正并上机调试出正确结果。
1）题目 1。

```
main()
{
    int x,y;
    printf("%d\n",sum(x+y));
    int sum(a ,b)
```

```
    {
        int a ,b
        eturn(a + b);
    }
}
```

2）题目 2。

```
main()
{
    int a ,b ,c ,x ;
    int max(int ,int);
    scanf("%d%d%d",a ,b ,c);
    x=max( a ,b);
    x=max( x ,c);
    printf("%d",x);
}
int max(x ,y)
{
    int z ;
    z=x>y? x:y ;
}
```

（2）编程题。

1）编写通过调用函数，找出任意三数最小值的程序。

2）编写函数判断某数是否素数，是返回 1，否则返回 0，在 main 函数中调用该函数。

3）编写函数，由实参传来字符串，统计字符串中字母、数字、空格和其他字符的个数。在主函数中输入字符串及输出上述结果。

4）编写函数将一维数组中每个元素值加 1 后输出。主函数中完成输入/输出过程。

7.12　习　　　题

1. 选择题

（1）下列叙述中，正确的是（　　）。

　　A. 函数返回值的类型，由 return 语句中所返回值的类型决定

　　B. 函数返回值的类型，由主调函数的类型决定

　　C. 函数返回值的类型，由定义函数时指定的函数类型决定

　　D. 函数返回值的类型，由实参的类型决定

（2）在函数中声明一个变量时，可以省略的存储类型是（　　）。

　　A. auto　　　　　　　　B. register　　　　　　　C. static　　　　　　　D. extern

（3）C 语言中的函数（　　）。

　　A. 可以嵌套定义

　　B. 既可以嵌套调用也可以递归调用

　　C. 不可以嵌套调用

　　D. 可以嵌套调用，但不可以递归调用

（4）下面对 C 语言函数的描述中，正确的是（　　）。

A．函数返回值的类型与其形参的类型应该一致

B．函数必须要有返回值

C．函数被定义为 void 型，该函数体中仍允许使用 return 语句

D．值传递时，只能把实参的值传给形参，而不能把型参的值传回来给实参

（5）下面对建立函数目的的描述，正确的是（　　　）。

　　A．提高程序的可读性　　　　　　　　　B．提高程序的执行效率

　　C．减少程序的篇幅　　　　　　　　　　D．减少程序文件所占内存

（6）若调用一个函数，此函数中没有 return 语句，正确说法是（　　　）。

　　A．没有返回值　　　　　　　　　　　　B．返回若干个系统默认值

　　C．能返回一个用户所希望的函数值　　　D．返回一个不确定的值

（7）在 C 语言中，以下正确的说法是（　　　）。

　　A．实参和与其对应的形参各占用独立的存储单元

　　B．实参和与其对应的形参占用同一块存储单元

　　C．只有当实参和与其对应的形参同名时才共占用同一块存储单元

　　D．形参是虚拟的，不占用存储单元

（8）以下正确的说法是（　　　）。

　　A．定义函数时，形参不需要类型说明

　　B．return 后面的值不能为表达式

　　C．如果函数值的类型与表达式类型不一致，以函数值的类型为准

　　D．如果形参和实参的类型不一致，以实参类型为准

（9）C 语言规定，简单变量作实参时，它和对应形参之间的数据传递方式是（　　　）。

　　A．地址传递

　　B．单向值传递

　　C．由用户指定传递方式

　　D．由实参传给形参，再由形参传回给实参

（10）若用数组名作为调用的实参，传递给形参的是（　　　）。

　　A．数组第一个元素的值　　　　　　　　B．数组全部元素的值

　　C．数组的首地址　　　　　　　　　　　D．数组元素的个数

（11）以下不正确的说法是（　　　）。

　　A．形式参数是局部变量

　　B．在不同函数中可以使用相同名字的变量

　　C．在函数内定义的变量只在本函数范围内有效

　　D．在函数内的复合语句中定义的变量在本函数范围内有效

2．填空题

（1）在 C 语言中调用被定义的函数时，主调函数使用的参数是_____，被调函数名后面括弧中的参数是_____。

（2）被调函数的返回值是通过函数中的_____语句获得的。

（3）如果不需要被调函数有返回值，可以把该函数定义成_____类型。

（4）用数组名做函数实参时，传递的是数组的_____，用变量名做实参时，传递的

是变量的_____。

（5）一个变量的_____指明该变量可以使用的程序区域。

（6）在所有函数之外说明的变量称为外部变量或_____。

（7）若希望函数中的局部变量的值，在函数调用结束后不消失而保留原值，应该指定该局部变量是_____存储类型的。

（8）在一个 C 语言程序中，main 函数出现的位置是_____。

3. 编程题

（1）编写判断一个数是否为素数的函数。

（2）编写求字符串长度的函数。

（3）编写用冒泡法排序的函数。

（4）用函数递归调用求 Fibonacci 数列的值。

（5）写两个函数，分别求两个整数的最大公约数和最小公倍数，用主函数调用这两个函数，并输出结果，两个整数由键盘输入。

第 8 章 指 针

　　C 语言中最难掌握、最难理解的数据类型，就是指针。指针也是 C 语言中最具特色的内容，可以说是 C 语言的灵魂。有了指针，才可以用 C 语言表示各种复杂的数据结构、高效地使用数组和字符串、动态地分配内存及直接处理内存地址。但指针也使得 C 语言程序更容易出错，使得程序的安全性降低。

　　指针的概念复杂，使用起来比较灵活，对于初学者来说比较抽象和复杂，不容易掌握。需要在深刻理解指针概念的基础上多学多练，在实践中逐步掌握知识点。

　　本章主要内容包括：

- 指针的概念
- 指针变量的定义和引用
- 指针变量与数组
- 指针变量与字符串
- 指针变量与函数
- 指针数组

　　【案例】 编写一个程序，统计从键盘输入的字符串包含空格的个数。

　　案例分析 这个程序比较简单，可分为以下三步完成。

　　（1）定义存放字符串的变量及相关变量。

　　（2）使用输入语句输入字符串。

　　（3）使用循环语句统计输入字符串中空格的个数。

　　在实现第一步时我们一般用字符数组来存放字符串，但是字符串是由用户从键盘随机输入的，字符串的长度是不确定的。这样使得在定义字符数组时，数组的长度不好确定。如果定义的数组长度太长了，如 1000，实际输入时一般不会输入这么多字符，这样就会造成存储空间的浪费；如果定义太短了，如 10，实际输入时又很可能超过这个长度，使得输入的字符串数组放不下，造成数组溢出。

　　那么用什么形式来存放字符串，可以既不浪费，也肯定能放下字符串，不会溢出呢？我们说，可以用指针实现。

　　案例程序实现

```
#include <stdio.h>
#include <string.h>
void main()
{ int i=0;
  int sum=0;
```

```
char ch;
char *str;
ch=getchar();
*str=ch;
while(ch!='\n')
 { *(str+i)=ch;
  i++;
  ch=getchar();
 }
*(str+i)='\0';
printf("str=%s\n",str);
i=0;
while(*(str+i)!='\0')
  { if(*(str+i)==' ')
    sum++;
    i++;
  }
  printf("sum=%d\n",sum);

}
```

以上程序涉及了以下知识点。

（1）指针的概念。

（2）指针变量的定义。

（3）指针变量的引用。

（4）指针变量与数组。

（5）指针变量与字符串。

8.1　指　针　的　概　念

8.1.1　几个概念

　　现在学生在学校都住在学生宿舍里，学生宿舍一般都是楼房，一个宿舍楼分成多层，每层有多个房间，每个房间的大小和布局都是一样的，只是每个房间所处宿舍楼的位置不同。为了将宿舍楼中的各个宿舍区分开，也为了便于登记，我们为每个宿舍编一个号，如 101、102、507、512 等。每个宿舍的编号互不相同，一个宿舍也只有一个编号，这个编号称为宿舍的宿舍号。我们可以根据宿舍号找到每一个宿舍，学生入住时，也可以直接告诉学生宿舍号，学生可以根据宿舍号很轻松地找到自己的宿舍。

　　在计算机中，所有的数据都存放在存储器中。计算机存储器中的一个字节称为一个内存单元，也称为存储单元。与宿舍楼相似，计算机存储器中有多个内存单元，当前流行的存储器内存单元的个数都在 2^{30} 以上。每个内存单元的大小也是一样，都能放一个字节的数据。和宿舍一样，每个内存单元在存储器中的位置不同。同样，为了将存储器中的各个内存单元区分开，也为了能方便地将数据存入存储器的内存单元，我们也必须为每个内存单元编一个号。每个内存单元的编号也互不相同，一个内存单元也只有一个编号，我们把存储器中内存单元的编号称为地址。根据内存单元的地址可以找到所需的内存单元。

　　每个内存单元都有地址。当在程序中定义一个变量时，C 语言编译程序就会为其在内存中分配带有编号的内存单元，以便存放变量的值。当然变量的类型不同，分配给它的内存单元的个数也不相同。例如，分配给一个字符变量一个内存单元，分给一个整型变量两个内存单元等。通过下面的例题，可以清楚地看到地址是确实存在的。

【例 8-1】 输出指定变量的地址。

```
#include"stdio.h"
void main()
{ int a=10;
 float b=123.45;
 char c='A';
 printf("address of a =%u\n",&a);          /*输出整型变量 a 的地址*/
 printf("address of b =%u\n",&b);          /*输出实型变量 b 的地址*/
 printf("address of c=%u\n",&c);           /*输出字符型变量 c 的地址*/
}
```

程序运行结果：

```
address of a =4058
address of b =4060
address of c =4065
```

变量 a、b、c 在内存中分配的存储单元如图 8-1 所示。从图中可以看出，分配给整型变量的 a 的存储地址是 4058 和 4059，共占两字节，而在这两字节中存放的变量 a 的值是 10。分配给实型变量的 b 的存储地址是 4061、4062 和 4063，共占四字节，而在这四字节中存放的变量 b 的值是 123.45。分配给整型变量 c 的存储地址是 4065，共占一个字节，而在这两字节中存放的变量 c 的值是大写字母 A。通过［例 8-1］程序运行结果，我们可以知道实际输出 a、b、c 的地址实际都是 a、b、c 这三个变量所占内存单元中第一个内存单元的地址。由此我们可以得出，变量的地址实际是指变量所占内存单元的首地址。

另外，从图 8-1 也可看出，一个变量的值和这个变量的地址是两个不同的概念。变量的值是指分配给变量的内存单元中所存放的内容；而变量的地址是指分配给变量的内存单元的首地址。例如变量 a 的值是 10，而 a 的地址是 4058。

在 C 语言中，形象地称一个变量的内存地址是它的"指针"，即地址就是指针，指针就是地址。

而如果把一个变量的内存地址（即指针）存放在另一个变量里，那么这个专门用来存放变量地址的变量就是指针变量。因此，一个指针变量的值就是某个内存单元的地址或称为某个内存单元的指针。C 语言把内存存储单元的地址视为一种特殊的数据类型。图 8-1 中的整型变量 a 的值是 10，占用了从地址 4058 开始的两个存储单元。定义一个新的指针变量 p，p 的值就是变量 a 的起始地址 4058。注意，这里的 4058 不是数值，而是变量 a 的起始地址。如图 8-2 所示，由于指针变量 p 存放的是变量 a 的地址，这时，我们可以说指针变量 p 指向了变量 a 的存储单元，或者直接说指针变量 p 指向了变量 a。

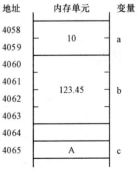

图 8-1 变量的内存单元

严格地说，指针是一个地址，可以理解指针是一个常量；而一个指针变量却可以赋予不

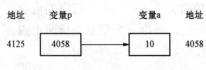

图 8-2　指针变量 p 指向变量 a

同的指针值，是一个变量。但有时在习惯上把指针变量简称为指针。为了避免混淆，本书中约定："指针"是指地址，是常量，"指针变量"是指取值为地址的变量。

8.1.2　直接访问和间接访问

在程序中一般是通过变量名或地址来对内存单元进行存取操作。根据存取变量值的不同方式，分为直接访问和间接访问。

参照如图 8-1 所示的变量地址，如果使用 "printf("%d\n",a);" 输出变量 a 的值，其执行过程为：根据变量名 a 与地址的对应关系，找到变量 a 的地址 4058，将从由 4058 开始的两个字节中取出数据 10 并将其输出。如果给变量 a 重新赋值，如 "a=18;"，在执行时，把 18 送到地址为 4058 开始的整型存储单元中。这种按变量地址存取变量值的方式称为 "直接访问" 方式。

存取变量值也可以采取另一种方式——"间接访问" 方式：由指针变量的值得到另一变量的地址，再通过得到的这个地址，完成对存储单元的访问。这里以访问变量 a 为例来说明。如图 8-2 所示，指针变量 p 存放了变量 a 的地址。访问变量 a 时，可以先找到指针变量 p，从 p 的内存单元得到变量 a 的地址 4058，由该地址就可以访问它里面的内容 10，也就是变量 a 的值。

8.2　指针变量的定义和引用

要完成［案例 8-1］的编程需要定义一个指针变量，然后从键盘输入字符串，保存到指针变量中，这就涉及指针变量的定义和引用，本节将介绍这两个知识点。

8.2.1　指针变量的定义

C 语言规定所有变量在使用之前必须先定义其类型，指针变量也一样。其实，指针变量与其他类型变量没有什么区别，只是它里面存放的内容是地址而已。定义指针变量的一般形式为

　　类型标识符*指针变量名

其中，"类型标识符"是指针变量所指向的变量的类型，"*"表示所定义的变量类型为指针型。例如：

```
int *p;
float *q;
char *ch;
```

以上分别定义了指向整型变量的指针变量 p，指向实型变量的指针变量 q 和指向字符型变量的指针变量 ch。

 注 意

（1）定义指针变量时，必须指定指针变量所要指向的变量的类型。

（2）一个指针变量只能指向同一类型的变量，例如，有定义 "Float *P;"，则指针变量 p 只能指向实型变量，不允许指向实型之外的其他类型的变量。

8.2.2　指针变量的赋值

指针变量同普通变量一样，使用时必须赋予具体的值。未经赋值的指针变量不能使用，否则将造成系统混乱，甚至死机。

对指针变量只能赋予地址,不能赋予任何其他数据,否则将引起错误。在 C 语言中,变量的地址是由编译系统分配的,用户不知道变量的具体地址。C 语言中提供了取地址运算符 & 来表示变量的地址。其一般形式为

&变量名;

如&a 表示变量 a 的地址,&b 表示变量 b 的地址。如要把整型变量 a 的地址赋予指针变量 p 可以有以下两种方式。

(1)指针变量的初始化。

```
int a;
int *p=&a;
```

(2)指针变量的赋值。

```
int a;
int *p;
p=&a;
```

 注 意

(1)不允许把一个数赋予指针变量,所以这样写是错误的: p=1000;。

(2)被赋值的指针变量前不能再加"*"说明符,如写为*p=&a 也是错误的。

8.2.3 指针变量的引用

在指针变量的引用中,有两个与其密切相关的运算符。

1. &(取地址运算符)

&是单目运算符,其结合方向为自右到左,其功能是取变量所占用的内存单元的首地址。例如, &a 为变量 a 的地址,&b 为变量 b 的地址。在 scanf 函数及前面介绍指针变量的赋值时,我们已经介绍并使用了&运算符。

2. *(取内容运算符,也称间接访问运算符)

是单目运算符,其结合方向为自右到左。"&"和""两个运算符的优先级别相同。在指针变量的前面添加取内容运算符,表示指针变量所指向的变量,运算结果获取指针变量所指向变量的值。其一般形式为

*指针变量名

例如:

```
int a=17,*p;p=&a;
```

指针变量 p 指向整型变量 a,则*p 等价于变量 a,即*p 的值也为 17,可以直观地认为变量 a 与*p 是对应着同一个存储单元。可见,可以通过指针变量 p 间接访问变量 a。

注 意

(1)指针运算符 "*" 和声明指针类型名中的 "*" 不同。在指针变量声明中,"*" 是类型名,表示其后的变量是指针类型;而表达式中出现的 "*" 则是一个指针运算符,用来表示指针变量所指向的变量。

(2)取内容运算符*后面只能放指针变量,不能放其他普通变量。

　　下面对运算符"&"和"*"作进一步说明。若有 int a,*p;p=&a;则&*p、&a、p 是等价的，反之，*&a、*p、a 也是等价的，均表示变量 a。按照自右至左的结合方向，*&a 的含义是先进行&a 运算，得到 a 的地址，再进行*运算，即取出&a 所指向的变量。

　　另外（*p）++相当于 a++，如果去掉括号变为*p++，因"++"与"*"优先级别相同，但按自右到左方向结合，*p++相当于*（p++），因++在 p 右侧，先对 p 的原值进行*运算，得到 a 的值，然后使指针变量 p 的值加 1，因 p 的值发生了改变，此时 p 不再指向变量 a。

【例 8-2】 用指针变量输出所指向的变量的值。

```
#include <stdio.h>
void main()
{ int a,*p;
  float b,*q;
  scanf("%d%f",&a,&b);
  p=&a ;
  q=&b;
  printf("%d,%f\n",a,b);
  printf("%d,%f\n",*p,*q);
}
```

　　程序运行情况如下。

　　如果输入：17_1.23✓

　　运行结果：17，1.230000

　　17，1.230000

　　可见，定义指针变量后，只有将同类型的变量的地址赋给该指针变量，指针变量才可以被引用。*p 等价于变量 a，*q 等价于变量 b，所以，程序中两个输出的结果是相同的。

　　如果将上述程序改为

```
#include <stdio.h>
void main()
{ int a,*p;
  float b,*q;
  p=&a ;
  q=&b;
  scanf("%d%f",p,q);
  printf("%d,%f\n",a,b);
  printf("%d,%f\n",*p,*q);
}
```

　　程序运行情况如下。

　　如果输入：17_1.23✓

　　运行结果：17，1.230000

　　17，1.230000

　　可见，以上两个程序的运行结果完全一样。执行"p=&a;q=&b;"，p 指向变量 a，q 指向变量 b，所以，在输入函数中可以用 p 表示&a，用 q 表示&b。另外，*p 等价于变量 a，*q 等价于变量 b。

【例 8-3】 输入 a 和 b 两个整数，使用指针变量按先大后小的顺序输出 a 和 b。

```
#include <stdio.h>
void main()
{
 int*p1,*p2,*p,a,b;
 scanf("%d%d",&a,&b);
 p1=&a;p2=&b;
 if(a<b)
   {p=p1;p1=p2;p2=p;}
 printf("a=%d,b=%d\n",a,b);
printf("max=%d,min=%d\n",*p1,*p2);
}
```

程序运行情况如下。

如果输入：5␣9↙

运行结果：a=5，b=9

max=9，min=5

当输入 a=5，b=9 时，由于 a<b，将 p1 与 p2 交换，p1 的值原为&a，后来变成&b，p2 原值&b，后来变成&a，这样输出*p1 和*p2 时，实际上是输出变量 b 和 a 的值，所以先输出 9，然后输出 5。

8.3　指 针 变 量 与 数 组

指针变量不仅可以指向简单的变量，也可以指向数组等复杂的变量。指针变量可以指向数组或数组中的某个元素。数组在内存中占据一块连续的存储区，用以存放若干个相同类型变量的值。因此对于数组来说，除了数组名代表这个存储区的起始地址外，每个元素也有自己相应的地址。把数组的起始地址或把某一个数组元素的地址赋给指针变量，指针变量即指向了该数组的首地址或数组元素。在 C 语言中，指针和数组的关系非常密切，引用数组元素既可以通过下标，也可以通过指针来进行。正确地使用指针来处理数组元素，能够产生高质量的目标代码。

8.3.1　指向一维数组的指针变量

将一维数组的名字或某一数组元素的地址赋给指针变量，指针变量即指向该数组或数组元素。例如：

```
int a[10];
int *p;
p=&a[0];
```

把 a[0] 元素的地址赋给指针变量 p。也就是说，p 指向 a 数组的第 1 个元素，也就是指向了 a[0]。

C 语言规定数组名代表数组的首地址，也就是第一个元素的地址。因此，两个语句 "p=&a[0];" 与 "p=a;" 是等价的，都是将数组 a 的起始地址赋给了指针变量 p，如图 8-3 所示。如果把数组元素 a[2] 的地址给变量 p，即 "p=&a[2]"，则指针变量 p 指向数组元素 a[2]，这时*p 就是 a[2] 的值，如图 8-4 所示。

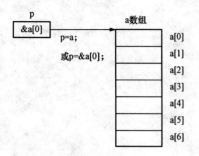

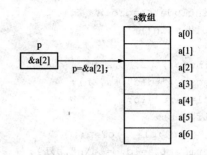

图 8-3   指向数组起始地址的指针   图 8-4   指向 a [2] 元素的指针

在定义指针变量时也可以赋初值，例如：

```
int*p=&a[0];
```

这个语句等效于

```
int˘p;
p=&a[0];
```

也等价于

```
int*p=a;
```

8.3.2   用指针变量引用一维数组元素

由于数组元素在内存中是连续存放的，因此，可以通过指针变量 p 及其有关运算，间接访问数组中的每一个元素。

如果指针变量 p 已指向数组中的一个元素，则 p+1 指向同一数组中的下一个元素。这里的 p+1 不是简单地将 p 值加 1，而是 p+1×d，其中 d 是一个数组元素所占的字节数。在 TC 和 Visual C++系统中，若数组元素是整型，d 为 2；数组元素是实型，d 为 4；数组元素是字符型，d 为 1。

同理，p−1 指向同一数组中的前一个元素。所以，如果指针变量 p 已指向数组中的一个元素，则 p−i 指向 p 所指对象前面的第 i 个元素，p+i 指向 p 所指对象后面的第 i 个元素。

如果 p 的初值是&a [0]，则 p+i 和 a+i 均表示 a [i] 的地址，如图 8-5 所示。

图 8-5   数组 a 中各元素的地址

设 a 是数组名，p 是指向数组 a [] 首地址的指针变量，利用指针表示数组元素地址和内容的几种形式如表 8-1 所示。

表 8-1   一维数组元素地址和内容的表示形式

表 示 形 式	含 义
a, &a [0], p	数组首地址，即 a [0] 的地址
&a [i], a+i, p+i	a [i] 的地址
a [i], * (a+i), * (p+i), p [i]	a [i] 的内容

根据以上所述，引用一个数组元素，可以用以下两种方法。

（1）下标法，如 a [i] 形式。

（2）指针法，如* (a+i)、p [i] 或* (p+i)。

其中，a 是数组名，p 是指向数组的指针变量，其初值 p=a。

 注 意

（1）"p=a" 是将数组的首地址赋给指针变量 p，而不是把数组的所有元素都赋给 p。

（2）p=a 或 p++是正确的，而 a=p，a++，p=&a 都是非法的。

【例 8-4】 用三种方法输出 a 数组的 10 个元素的值。

方法一：

```
#include <stdio.h>
void main()
{
int a[10]={1,2,3,4,5,6,7,8,9,10};
int i;
printf("\n");
for(i=0;i<10;i++)
  printf("%d",a[i]);
}
```

运行结果：

```
1 2 3 4 5 6 7 8 9 10
```

方法二：

```
#include <stdio.h>
void main()
{
int a[10]={1,2,3,4,5,6,7,8,9,10};
int i;
printf("\n");
for(i=0;i<10;i++)
  printf("%d",*(a+i));
}
```

运行结果：

```
1 2 3 4 5 6 7 8 9 10
```

方法三：

```
#include <stdio.h>
void main()
{
int a[10];
 int i,*p;
for(i=0;i<10;i++)
  scanf("%d",&a[i]);
printf("\n");
for(p=a;i<10;i++)
```

```
   printf("%d",p[i]);
}
```

运行结果：

```
1  2  3  4  5  6  7  8  9  10
```

8.3.3　指针变量的运算

指针变量可以进行某些运算，但其运算的种类是有限的，只能进行赋值运算和部分算术运算及关系运算。在前面的章节中，已经使用了赋值运算对指针变量进行初始化，在此只介绍指针变量的算术运算和关系运算。

1. 指针变量的算术运算

设 p、p1、p2 都是指向数组 a [ ] 的指针变量，且 p=a，则指针可以进行下列算术运算。

（1）p+n 或 p-n：使指针 p 向后（+n）或向前（-n）移动 n 个元素的位置。

（2）p1-p2：结果为一个带符号的整数，表示两个数组元素相隔的元素个数。

将++和--运算符用于指针变量十分有效，可以使指针变量自动向前或向后移动，指向下一个或上一个数组元素，但是++和--十分灵活，使用它们进行指针运算时，需要注意以下表示形式的含义（设 p 指向 a [i]）。

1）p++或 p+=1：使 p 指向下一元素，即 a [i+1]，若再执行*p，则取出下一个元素 a [i+1] 的值。

2）p--或 p-=1：使 p 指向前一元素，即 a [i-1]，若再执行*p，则取出下一个元素 a [i-1] 的值。

3）*p++：等价于*（p++），由于++和*同优先级，是自右向左结合，作用是先得到 p 所指向的变量的值（即*p），然后再使 p+1→p。

4）*p--：等价于*（p--），由于--和*同优先级，是自右向左结合，作用是先得到 p 所指向的变量的值（即*p），然后再使 p-1→p。

5）*（++p）：先使 p 加 1，再取*p，最后*p 为 a [i+1] 的值。

6）*（--p）：先使 p 减 1，再取*p，最后*p 为 a [i-1] 的值。

7）（*p）++：表示 p 所指向的元素值加 1，即 a [i] ++，若 a [i] =3，a [i] ++=4，注意是元素值加 1，而不是指针值加 1。

8）（*p）--：表示 p 所指向的元素值减 1，即 a [i] --，若 a [i] =3，a [i] --=2，注意是元素值减 1，而不是指针值减 1。

【例 8-5】　［例 8-4］的第四种方法。

```
#include <stdio.h>
void main()
{
int a[10];
int i,*p;
for(i=0;i<10;i++)
  scanf("%d",&a[i]);
printf("\n");
for(p=a;i<10;p++)
    printf("%d",*p);
}
```

运行结果:

1 2 3 4 5 6 7 8 9 10

注 意

指针变量和数组名是有区别的。指针变量是一个变量,可以实现使其本身的值改变,如 p++ 或 p－－。而数组名不允许改变其本身的值,因为数组一旦定义,系统为其分配的存储单元是固定的,数组名永远表示数组的首地址,其值在程序运行期间是固定不变的。在程序中如果出现 a++ 或 a－－都是错误的。

2. 指针变量的关系运算

当两个指针指向同一数组中的元素时,它们之间还可以进行关系运算。例如:

(1) p1>p2, p1<p2:两个指针比较大小,表示两指针所指数组元素之间的前后位置关系。

(2) p1==p2, p1!=p2:判断两指针是否相等,若指向同一个数组元素,则相等,否则不相等。

指针变量还可以与 0 (空值 NULL) 比较。设 p 为指针变量,则 p==NULL 表明 p 是空指针,它不指向任何变量; p!=NULL 表示 p 不是空指针。

8.3.4　指向多维数组的指针变量

用指针变量可以指向一维数组,也可以指向多维数组。因为多维数组是在二维数组的基础上再进行拓展,二者有许多共同点,所以本节以二维数组为例讲解多维数组的知识。

1. 二维数组的地址

以二维数组为例,设有一个二维数组 a,它有 3 行 4 列。定义为

```
int a[3][4]={{1,3,5,7},{9,11,13,15},{17,19,21,23}};
```

a 是一个数组名。a 数组包含 3 行,即 3 个元素 a [0]、a [1]、a [2]。而每一元素又是一个一维数组,它包含 4 个元素 (即 4 个列元素)。例如,a [0] 所代表的一维数组又包含 4 个元素 a [0][0]、a [0][1]、a [0][2]、a [0][3],如图 8-6 所示。

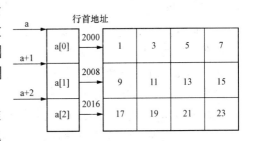

图 8-6　二维数组分解为一维数组示意图

(1) 二维数组每一行的地址表示。无论是一维数组还是二维数组,数组名总是代表数组的首地址。因此,二维数组每一行的首地址可以表示为以下形式。

1) a:代表整个二维数组的首地址,也就是第 0 行的首地址,设二维数组的首地址为 2000。

2) a+1:代表第 1 行的首地址,它的值为 2008,因为第 0 行有 4 个整型数据,因此 a+1 的含义是 a [1] 的地址,即 a+4×2=2008,如图 8-6 所示。

3) a+2:代表第 2 行的首地址,它的值是 2016。如图 8-6 所示。

二维数组分解为一维数组时,既然把 a [0]、a [1]、a [2] 看成是一维数组名,则可以认为它们分别代表所对应的一维数组的首地址,即每行的地址。因此,二维数组每一行的首地址还可以表示为以下形式。

a [0]:二维数组第 0 行的首地址,与 a 的值相同。

a [1]：二维数组第 1 行的首地址，与 a+1 的值相同。

a [2]：二维数组第 2 行的首地址，与 a+2 的值相同。

从表 8-1 中可知，在一维数组中，a [i] 与 *（a+i）等价。二维数组同样有此性质，因此，二维数组每一行的首地址还可以分别表示为以下形式。

*（a+0）：二维数组第 0 行的首地址，与 a [0] 的值相同。

*（a+1）：二维数组第 1 行的首地址，与 a [1] 的值相同。

*（a+2）：二维数组第 2 行的首地址，与 a [2] 的值相同。

另外，在一维数组中，&a [i] 与 a+i 等价，二维数组同样有此性质。即数组 a 中，第 0 行第 0 列的地址实际就是第 0 行的首地址，所以有 &a [0] [0] 与 a [0] 等价。因此，二维数组每一行的首地址还可以分别表示为以下形式。

&a [0] [0]：二维数组第 0 行的首地址，与 a [0] 的值相同。

&a [1] [0]：二维数组第 1 行的首地址，与 a [1] 的值相同。

&a [2] [0]：二维数组第 2 行的首地址，与 a [2] 的值相同。

（2）二维数组每一元素的地址表示。从上文可以看出，a [0] 是第 0 行的首地址，代表第 0 行第 0 列元素的地址，即 &a [0] [0]；a [1] 代表第 1 行第 0 列元素的地址，即 &a [1] [0]；a [2] 代表第 2 行第 0 列元素的地址，即 &a [2] [0]。根据地址运算规则，a [0] +1 即代表第 0 行第 1 列元素的地址，即 &a [0] [1]；a [1] +1 即代表第 1 行第 1 列元素的地址，即 &a [1] [1]。

进一步分析，a [i] +j 即代表第 i 行第 j 列元素的地址，即 &a [i] [j]，还可以表示为 *（a+i）+j 的形式。因此，二维数组元素 a [i] [j] 可表示成 *（a [i] +j）或 *（*（a+i）+j），这三种形式是等价的。

 注 意

> a [i] 从形式上看是 a 数组中第 i 个元素。如果 a 是一维数组名，则 a [i] 代表 a 数组第 i 个元素所占的内存单元。a [i] 是有物理地址并占内存单元的。但如果 a 是二维数组，则 a [i] 是代表一维数组名。a [i] 本身并不占实际的内存单元，它也不存放 a 数组中各个元素的值。它只是一个地址（如同一个一维数组名 x 并不占内存单元而只代表地址一样），也不要把 &a [i] 简单地理解为 a [i] 单元的物理地址，因为并不存在 a [i] 这样一个变量。它只是一种地址的计算方法，能得到第 i 行的首地址。

2. 通过指针变量引用二维数组元素

可以用指针变量指向二维数组及其元素，这时就可以用指针变量来引用二维数组及其元素。

（1）指向数组元素的指针变量。实际上，二维数组可以看成是按行连续存放的一维数组，这样，就可以像一维数组一样，用指向数组元素的指针变量来引用二维数组元素。

【例 8-6】 用指针变量输出二维数组元素的值，并且一行输出 4 个值，分多行输出。

```c
#include <stdio.h>
void main()
{ int a[3][4]={1,2,3,4,5,6,7,8,9,10,11,12};
  int*p;
for(p=a[0];p<a[0]+12;p++)
  {if((p-a[0])%4==0)printf("\n");
```

```
    printf("%4d",*p);
  }
}
```

运行结果如下：

```
1  2  3  4
5  6  7  8
9  10  11  12
```

 注 意

for 循环中 a[0]不能写成 a。因为 a 和 a[0]虽然都表示一维数组第 0 行的首地址，但如把 a 赋给 p，则 p+1 表示 p 跳过一行元素所占内存单元的字节数，指向下一行首地址，而把 a[0]赋给 p，p+1 则表示 p 跳过一个元素所占内存单元的字节数，指向下一个元素。本例题要求输出数组中的每一个元素，因此 p 的初值应赋给 a[0]，而不是 a，循环条件也应该是 p<a[0]+12，而不能写成 p<a+12。

（2）指向数组某一行的行指针变量。

［例 8-6］中程序中循环部分是将 a[0]赋给 p，这样当 p++时，表示 p 跳过一个数组元素所占内存单元的字节数，而指向下一个数组元素。如果将 a 赋给 p，p++表示跳过一行元素所占内存单元的字节数，指向下一行首地址，也就是指向第二行的首地址，即 a[1]。此时指针变量 p 称为行指针变量。

指向二维数组的行指针变量说明形式为

类型说明符（*指针变量名）[长度]；

"类型说明符"为所指数组的数据类型，"*"表示其后的变量是指针类型，"数组长度"表示二维数组分解为多个一维数组时，一维数组的长度，也就是二维数组的列数。例如：

```
int a[2][3]; int(*p)[3]; p=a;
```

【例 8-7】 将［例 8-6］改为使用行指针变量输出二维数组各元素的值。

```
#include <stdio.h>
void main()
{  int a[3][4]={1,2,3,4,5,6,7,8,9,10,11,12};
  int(*p)[3];
  int i,j;
  p=a;
for(i=0;i<3;i++)
  { for(j=0;j<4;j++)
    printf("%3d",*(*(p+i)+j));
    printf("\n");
  }
}
```

运行结果如下：

```
1  2  3  4
5  6  7  8
9  10  11  12
```

行指针定义时，"（*指针变量名）"两边的圆括号不可去掉，去掉之后表示为指针数组（本章后续内容将会介绍），与行指针变量意义完全不同。

8.4　指针变量与字符串

　　在学习本章之前，在 C 语言程序中，如果要实现对字符串的操作，采用的方法是使用字符数组来存放一个字符串。当学习了指针变量之后，实际上也可以采用字符型的指针变量来指向一个字符串，然后通过该指针变量对字符串进行访问。这样就可以用两种方法使用字符串——字符数组和字符型指针变量。

8.4.1　字符数组

　　使用字符数组实现对字符串的访问，在前面章节中讲过。这里通过一个例题简单介绍一下。

【例 8-8】　用字符数组输出一个字符串。

```
#include <stdio.h>
void main()
{
 char str[]="I love china!";
 printf("%s\n",str);
}
```

运行结果为

```
 I love china!
```

　　str 是数组名，它代表字符数组的首地址，使用%s 输出字符串时，函数 printf 中的变量部分直接写 str 即可。str［5］代表数组中序号为 5 的元素 "e"，实际上 str［5］就是*（str+5），str+5 是指向字符 "e" 的指针。

8.4.2　字符型指针变量

　　可以定义一个字符型的指针变量，通过对字符型指针变量的操作处理字符串。

【例 8-9】　用字符型指针变量输出一个字符串。

```
 #include <stdio.h>
void main()
{
 char *str="I love china!";
 printf("%s\n",str);
}
```

　　在程序中定义了一个字符指针变量 str，并把字符串首地址（即存放字符串的字符数组的首地址）赋给它。

```
char *str="I love china!";
```

等价于

```
char *str;
str="I love china!";                    /*把首地址赋给指针变量 str*/
```

这里没有定义字符数组,但 C 语言对字符串常量是按字符数组处理的,实际上在内存中开辟了一个字符数组存放字符串常量,如图 8-7 所示。

用 printf（"%s\n", str）时%s 表示输出一个字符串,给出字符指针变量名 str,系统先输出它所指向的一个字符数据,然后自动使 str 加 1,使之指向下一个字符,然后再输出一个字符,直到遇到字符串结束标志 '\0'为止。

如果将输出语句改为

```
printf("%s\n",str+3)
```

这时输出结果为

```
ove china!
```

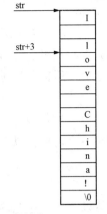

图 8-7　字符串"I love China!"在内存中的存储情况

> **注　意**
>
> 使用字符数组和字符指针变量均可实现字符串的存储和运算,但是二者是有区别的。字符串指针变量本身是一个变量,用于存放字符串的首地址。当把一个字符串赋给一个指针变量时,实际是把这个字符串的首地址赋给了指针变量,这时字符串保存在以该首地址为首的一块连续的内存空间中,并且系统会自动在字符串的最后加一个'\0'作为字符串的结束符。而字符数组是由若干个数组元素组成的,存放字符串时,是把每个字符作为数组元素放到了每个数组位置上。

8.4.3　字符数组和字符指针变量处理字符串的区别

虽然使用字符数组和字符指针变量均可实现字符串的存储和运算,但是二者是有区别的,具体表现在以下几点。

（1）存储内容不同。字符数组中存储的是字符串本身(数组中每个数组元素存放一个字符),而字符型指针变量中存储的是字符串的首地址。

（2）赋值方式不同。字符数组虽然可以在定义时初始化,但不能用赋值语句整体赋值,下面的用法是非法的:

```
char str[30];
str="I am a teacher.";          /*错误*/
```

而对于字符型指针变量,可用下列方法赋值:

```
char *str;
str="I am a teacher.";
```

（3）字符指针变量的值是可以改变的。例如:

```
char *str="I am a teacher.";
str=str+7;
printf("%s",str);
```

这里指针变量 str 的值可以改变,执行时会从当前所指向的单元开始输出各个字符,直到 '\0'为止,所以会以上程序会输出"teacher."。而数组名代表数组的起始地址,是一个常量,其值是不能改变的,因此,下面程序有错误。

```
char str[30]="I am a teacher.";
str=str+7;                         /*错误*/
printf("%s",str);
```

（4）字符数组定义后，系统会为其分配确定的地址。而字符型指针变量在没有赋予一个地址值之前，所指向的对象是不确定的。例如，以下程序是正确的。

```
char str[20];
scanf("%s",str);
```

相比而言，再看以下程序。

```
char *b;
scanf("%s",b);
```

虽然以上程序也能编译运行，但这种方法存在风险。因为 b 没有初始化，它指向一个未知的内存单元，如果 a 指向了已存放指令或数据的内存段，若将一个字符串输入到 b 的值（地址）开始的一段内存单元，程序就会出错。

【例 8-10】　在输入的字符串中查找有无 'a'字符。

```
#Include <stdio.h>
Void main()
{ char str[20],*p;
  int i;
  printf("input a string:");
  p=str;
  scanf("%s",p);
  for(i=0;p[i]!='\0';i++)
    if(p[i]=='a')
       {  printf("there is a 'a' in the string.\n");
        break;
      }
  if(p[i]=='\0')
  printf("there is no 'a' in the  string.\n");
}
```

【例 8-11】　运用指针变量，把字符串 a 复制到字符串 b 中。

```
#include <stdio.h>
void main()
{  char *a="this is a book";
char b[20],*p,*q;
p=a;q=b;
while(*p!='\0')
{ *q=*p;
    p++;
    q++;
  }
*q='\0';
 printf("%s\n",a);
 printf("%s\n",b);
}
```

8.5 指针变量与函数

【案例 8-2】 输入两个数，按大小顺序输出，编写函数实现。

案例分析 此程序实现分为以下几个步骤。

（1）输入两个整数，用变量 a 和 b 接收。

（2）比较 a 和 b 的值，如果 a 大于 b，则直接输出 a、b，否则调用函数交换 a 和 b 的值，再输出 a、b。

第一步很好实现，但是第二步就有困难了。在用函数实现 a 和 b 的交换后，如何将交换后的结果返还给主函数呢？如果使用 return 语句向主函数返回交换后的结果，只能返回一个量，而不可能同时将 a 和 b 两个值返回主函数。那么怎样才能同时将两个变量的值返回给主函数呢？答案就是借助指针变量来实现，具体来说就是用指针变量作函数参数来实现。

案例实现

```
#include <stdio.h>
void swap(int*p1,int*p2);
{
    int p;
    p=*p1;*p1=*p2;*p2=p;
 }
  void main()
{
   int a,b;
   int*x1,*x2;
   scanf("%d%d",&a,&b);
   x1=&a;x2=&b;
   if(a<b)swap(x1,x2);
     printf("\n max=%d,min=%d\n",a,b);
 }
```

运行情况如下：

```
15,20 ✓
max=20,min=15
```

以上程序涉及的知识点就是指针变量作为函数参数，那么使用指针变量作函数的参数与普通变量作函数参数有何不同？

8.5.1 指针变量作为函数的参数

在学习函数时，我们接触过普通的简单数据类型作为函数的参数。实际上指针变量也可以作为函数的参数，这时向函数传递的就不是普通的变量了，而是某个变量的地址。

在函数调用过程中，如果主调函数直接把某个变量的地址作为实参传递给被调函数中的形参，这种调用形式称为地址调用。

地址调用的特点主要在于，在被调函数执行过程中，形参所指向变量值的改变将直接影响到主调函数中实参所指向变量的值。

在地址调用中，调用函数的实参一般为某个变量的地址或已被赋值的指针变量，而被调函数的形参是一个指针变量。

[案例 8-2] 的程序运行时输入 a、b 的值后，main 函数执行过程中调用 swap 函数时，将把指针变量 x1 和 x2 作为实际参数传递给 swap 函数的形参 p1 和 p2，因为 x1 和 x2 实际存放的分别是 main 函数中变量 a 和 b 的地址，这样实际会把变量 a、b 的地址作为实际参数传递给 swap 函数的形参 p1 和 p2。在 swap 函数中，p1 实际指向了变量 a，p2 实际指向了变量 b。当执行 swap 函数中的三条数据交换语句时，实际交换的不是指针变量 p1 和 p2，而是 p1 和 p2 的内容，即变量 a 和 b 的值。而指针变量 p1 和 p2 的值都没有变，还是分别指向变量 a 和 b。当 swap 函数结束返回主函数时，a 和 b 的值就互换了，而其他指针变量的值都没有变。具体数据交换过程如图 8-8 所示。

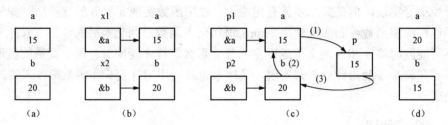

图 8-8　变量 a 和变量 b 的交换过程

图 8-8（a）表示用户将数据输入，赋给了变量 a 和 b。图 8-8（b）表示 main 函数将变量 a 和 b 的地址分别赋给了指针变量 x1 和 x2。图 8-8（c）表示当调用 swap 函数后实参 x1 和 x2 将值传递给形参 p1 和 p2，以及 swap 函数的执行过程。图 8-8（d）表示调用完 swap 子函数后变量 a 和 b 值的情况。

可见，为了能让主调函数使用被调函数中改变的变量值，可用指针变量作为被调函数的形式参数。在函数执行过程中，通过指针变量使其指向的变量值发生变化，函数调用结束后，这些变量值的变化依然保留了下来，这样就实现了"被调函数中使变量的值发生了变化，在主调函数中可以使用这些改变的值"的目的。这个借助指针变量作函数参数实现的功能，普通变量作函数参数是没法实现的。

如果将 [案例 8-2] 中程序的 swap 函数作以下修改。

```
void swap(int*p1,int*p2);
  {
    int *p;
    p=p1;p1=p2;p2=p;
}
```

这时要注意，swap 函数是将 p1 和 p2 这两个指针变量的值互换了，变为 p1 指向变量 b，p2 指向变量 a，而变量 a 和 b 的值没有变化，所以实现不了将变量 a 和变量 b 互换的目的。

【例 8-12】 输入 *a*、*b*、*c* 三个整数，按从大到小顺序输出。

```
    #include <stdio.h>
    void swap(int*pt1,int*pt2)
{
    int p;
    p=*pt1;*pt1=*pt2;*pt2=p;
}
    void change(int *q1,int *q2,int *q3)
```

```
    {
      if(*q1<*q2)swap(q1,q2);
      if(*q1<*q3)swap(q1,q3);
      if(*q2<*q3)swap(q2,q3);
    }
  void main()
  {
      int a,b,c,*p1,*p2,*p3;
      scanf("%d%d%d",&a,&b,&c);
      p1=&a;p2=&b;p3=&c;
      change(p1,p2,p3);
      printf("\n%d,%d,%d\n",a,b,c);
  }
```

运行情况：

```
18，2，50 ↙
50，18，2
```

本例题是对［案例 8-2］的扩展。通过本例题可以看出，可以使用数据交换来实现多个数据的排序。

8.5.2　返回指针值的函数

【案例 8-3】　编写函数完成：在字符串中查找一个指定的字符，如果该字符被查找到，请在调用函数中输出该字符及该字符起的字符串。

案例分析　此问题实现时可以按以下步骤进行。

（1）从键盘输入一个字符串，用数组或指针变量存放。

（2）从键盘再输入一个字符，用普通字符变量存放。

（3）调用子函数，在输入的字符串中查找指定的字符。

（4）如果子函数找到该字符，则在主函数输出该字符及从该字符起的字符串，如果没有找到，则输出空。

以上步骤中，步骤（3）不好实现。原因是如果在指定字符串中找到指定字符，如何将指定字符在字符串中的位置返回主函数呢？这个问题可以用指针来实现。

案例实现

```
#include <stdio.h>
char *ch(char *str,char st)
{ while(*str!=st&&*str!='\0')
    str++;
  if(*str!='\0')
    return(str);
}
void main()
{ char *p,*q,a[100],c;
  char *ch();
  char(*t)();
  gets(a);
  p=a;
  c=getchar();
  t=ch;
```

```
q=(*t)(p,c);
printf("%c\n",*q);
printf("%s\n",q);}
```

程序运行情况如下。

如果输入：student↙

　　　　　　d↙

运行结果：d

　　　　　Dent

以上程序涉及以下知识。

（1）返回指针值的函数。

（2）指向函数的指针变量。

下面分别介绍这些知识点。实际上，一个函数除了可以带回一个整型值、字符值、实型值外，也可以带回指针型的数据，即地址。

这种带回指针值的函数，一般定义形式为

类型名 *函数名（参数表）

{函数体}

"类型名"表示返回的指针所指向的数据类型，"*"表示定义的函数是一个返回指针值的函数。例如：

```
int  *a(int x,int y)
{  int *p;
...
return(p);
}
```

a 是函数名，调用它以后能得到一个指向整型数据的指针（地址）。x、y 是函数 a 的形参，为整型。请注意在*a 两侧没有括号，在 a 的两侧分别为*运算符和()运算符。而()优先级高于*，因此 a 先与()结合，显然这是函数形式。这个函数前面有一个*，表示此函数是指针型函数（函数值是指针）。最前面的 int 表示返回的指针指向整型变量。

[案例 8-3] 在实现时 find 函数是返回地址值的函数。在 main 函数中输入字符串和要查找的字符后，通过"p=a"语句使指针变量 p 指向了字符串的首地址；通过"q=ch(p,c);"语句调用定义的 find 函数，将指针型实参 p 的值传递给 find 函数的形参 str，字符型变量 c 的值传递给 find 函数的形参 st，此时，str 也指向了字符串的首地址。在 find 函数中，通过循环语句依次判断 str 所指向的字符是否是要查找的字符，如果字符串中有要查找的字符，那么循环结束时，str 将指向这个字符；否则 str 指向'\0'。Find 函数最后将指针变量 str 作为函数值返回给主调函数，主调函数通过指针变量 q 接收这个返回值，使得 q 指向了字符串中要查找的字符，然后通过输出函数把 q 所指向的字符，以及从该字符开始的字符串输出。

8.6　指　针　数　组

【案例 8-4】　编写一个程序，实现将给定的多个字符串按由小到大的字母顺序输出。

案例分析　这个程序可以分为以下几步完成。

（1）定义存放多个字符串的变量，以及其他相关变量。

（2）定义多个字符串，将各个字符串进行保存。

（3）对输入的多个字符串按照从小到大的顺序排序。

按照以往的编程思想，在解决第（1）步时，必须定义一个二维数组来存放多个字符串。一行存放一个字符串。但是这样的话，由于输入的各个字符串的长度一般均不相等，根据二维数组的特点，这时应按最长的字符串来定义二维数组的列数。但是这样将浪费大量的内存单元。那么如何既能存放多个字符串，又不浪费内存单元呢？方法就是指针数组。

案例实现

```
#include <stdio.h>
void main()
{ char *ch[]={"Goodbye","Computer","Flash","Photoshop","Chinese","English"};
int i,j,min,n=6;
char *t;
for(i=0;i<n-1;i++)
  { min=i;
    for(j=i+1;j<n;j++)
if(strcmp(ch[min],ch[j])>0)
        min=j;
    if(min!=i)
      { t=ch[i];
        ch[i]=ch[min];
        ch[min]=t;
      }
  }
for(i=0;i<n;i++)
  printf("%s\n",ch[i]);
}
```

以上程序实际上是将多个字符串放到了指针数组中。什么是指针数组？

指针数组是一个数组，数组中有多个数组元素，每一个数组元素都是一个指针变量，并且这些指针变量都是指向相同类型数据的。指针数组是将多个类型相同的指针变量合在一起构成的一种复杂数据类型。定义指针数组的一般形式为

类型名 *数组名［数组长度］；

"类型名"为每个数组元素所存放的指针变量所指向的变量的类型，"*"表示数组是指针类型的，如 char *str[6];。其中，［］比*优先级高，所以首先是数组形式 str［6］，然后才是与"*"的结合。表示 ch 是一个指针数组，它包含 6 个指向字符型数据的指针变量 str［0］、str［1］、str［2］、str［3］、str［4］、str［5］。

注 意

"int(*p)[5];"和"int *p[5];"是有区别的。前者表示 p 是一个行指针变量，它指向含有 5 个元素的一维整型数组；而后者表示 p 是一个指针数组，它含有 5 个数组元素，而每个数组元素都是一个指向整型数据的指针变量。

【例 8-13】 将 4 个字符串 dog、cat、pig 和 all animal 用指针数组输出。

```
#include <stdio.h>
void main()
{
    char *s[4];            /*定义指针数组元素为s[0],s[1],s[2],s[3]*/
    int i;
    s[0]="dog";
    s[1]="cat";
      s[2]="pig";
      s[3]="all animal";
      for(i=0;i<4;i++)
        printf("%s\n",*(s+i));
  }
```

程序运行结果为

```
dog
cat
pig
all animal
```

8.7 指 针 举 例

【例 8-14】 有三个整数 x、y、z，设置三个指针变量 p1、p2、p3，分别指向 x、y、z。然后通过指针变量使 x、y、z 三个变量交换顺序，即原来 x 的值给 y，把 y 的值给 z，z 的值给 x。x、y、z 的原值由键盘输入，要求输出 x、y、z 的原值和新值。

参考程序如下。

```
#include <stdio.h>
void main()
{
int x,y,z,t ;
int *p1,*p2,*p3;
printf("Please input 3 numbers:");
scanf("%d%d%d",&x,&y,&z);
p1=&x;
p2=&y;
p3=&z;
printf("old values are :\n");
printf("%d%d%d\n",x,y,z);
t=*p3;
*p3=*p2;
*p2=*p1;
*p1=t;
printf("new valies are:\n");
printf("%d%d%d \n",x,y,z);
}
```

请考虑第 6 行～8 行为什么不写成*p1=&x;*p2=&y,*p3=&z;而第 11 行～14 行不写成 t=p3,p3=p2,p2=p1;p1=t。

【例 8-15】 有四个字符串 "Changhua"、"Liping"、"Chenmei"、"Gaofeng"，代表四个人

的名字，要求按字母顺序（由小到大）输出这四个字符串。编写此程序，用数组实现。

参考程序如下。

```
#include <stdio.h>
void main()
{
void sort(char *a[ ],int n);
static char *name[]={"Changhua","Liping","Chenmei","Gaofeng"};
int n=4,i;
sort(name,n);
  for(i=0;i<5;i++)
printf(%s\n",name[i]);
}
void sort(char *a[],int n)
{
char *temp;
 int i,j;
for(i=0;i<n-1;i++)
  for(j=0;j<n-i-1,j++)
      if(strcmp(a[j],a[j+1])>0)
         { temp=name[j];
         name[j]=name[j+1];
         name[j+1]=temp;
         }
}
```

8.8　上　机　实　训

8.8.1　实训目的

（1）掌握指针的概念、指针变量的定义、初始化和引用。

（2）掌握指针变量作为参数在调用函数和被调用函数之间的数据传递过程。

（3）掌握函数返回地址值的方法。

（4）掌握指针数组。

（5）掌握指向数组的指针及其运算。

8.8.2　实训内容

（1）上机运行下面程序，指出下面程序的错误，并修改正确。

```
main()
{  int x=10,y=5,*px,*py;
   px=py;
   px=&x;
   py=&y;
   printf("*px=%d,*py=%d,*px,*py);
}
```

（2）现在想使指针变量 pt1 指向 a 和 b 中的大者，pt2 指向小者，请查看以下程序能否实现此目的。

```
swap(int *p1,int *p2)
```

```
{
 int *p;
  p=p1;p1=p2;p2=p;
}
main()
{
int a,b;
scanf("%d,%d",&a,&b);
pt1=&a;pt2=&b;
if(a<b)
    swap(pt1.pt2);
printf("%d,%d\n",*pt1,*pt2);
}
```

上机调试此程序。如果不能实现题目要求，指出原因，并修改。

（3）编写一个函数 sort，使 20 个整数由小到大的顺序排列。在主函数中输出排好序的数。本程序编写函数部分要求要用指针来解决。

参考程序如下。

```
main()
{ int *p,a[20],i;
printf("Please input 10 numbers\n");
for(i=0;i<10;i++)
  scanf("%d",&a[i]);
printf("The original array is:");
for(p=data;p<data+20;p++)
    { if((p-&data[0])%5==0)
          printf("\n");
    printf("%4d",*p);
          }
 sort(data,20);
 printf("the present array is:");
 for(p=data;p<data+20;p++)
   { if((p-&data[0]%5= =0)
         printf("\n");
    printf("%4d",*p);
   }
}
void  sort(int array[],int n)
  { int  *p1,*p2,t;
    for(p1=array;p1<array+(n-1);p1++)
     for(p2=p1+1;p2<array+n;p2++)
        if(*p1>*p2)
          { t=*p1;
          *p1=*p2;
            *p2=t;
          }
  }
```

通过此题，可进一步理解指针的定义与赋初值的方法。

8.9　习　　题

1．选择题

（1）已知"int a=27,*p;"，如果希望指针变量 p 指向变量 a，则正确的赋值语句是（　　）。

  A．p=a;   B．*p=a;   C．p=&a;   D．*p=*a;

（2）若有以下定义和语句：

```
int a=19,*p;
q=&a;
```

 下面均代表地址的一组选项是（　　）。

  A．&*a, &a, q   B．a, *q, *&a

  C．*q, *q, &a   D．&a, &*q, q

（3）若有定义 int a,*p;以下正确的程序段是（　　）。

  A．p=&a;

     scanf("%d",&p);

  B．p=&a;

     scanf("%d",*p);

  C．p=&a;

     scanf("%d",a);

  D．p=&a;

     scanf("%d",p)

（4）若有定义"int a=19,b,*p,*q;"，均是正确赋值语句的选项是（　　）。

  A．p=&a;q=*p;   B．*p=&a;*q=&b;

  C．p=&a;q=p;   D．p=&a;q=&p;

（5）下面判断正确的是（　　）。

  A．char *s="China";   等价于 char *s;s="China";

  B．char ch[40]="China";   等价于 char ch[40];ch="China"

  C．char *a="China";   等价于 char *a;*a="China";

  D．char ch[40]="China",str[40]="China";等价于 char ch[40]=str[40]="China";

（6）下面程序段的运行结果是（　　）。

```
char *str="Hello";
str+=2;
printf("%s\n",str);
```

  A．Hello   B．l   C．llo   D.ello

（7）若有以下定义和语句：

```
char s[]="computer";
char *p;
p=s;
```

 则下列叙述正确的是（　　）。

  A．*p 的值是 computer

B．s 和 p 的含义完全相同

C．数组 s 中的内容和指针变量 p 中的内容相等

D．p 指向了数组 s 的首地址

（8）若有定义 `int a[7],*p=a;`则对 a 数组元素地址的正确引用是（   ）。

     A．p+7   B．*a+1   C．&a+1   D．&a［0］

（9）在 16 位的编译系统上，若定义"`int a[]={20,30,40},*p=a;`"，当执行 "`p++;`"后，下列说法错误的是（   ）。

     A．p 向高地址移了 1 字节   B．p 与 a+1 等价

     C．p 向高地址移了 2 字节   D．p 向高地址移了 1 个存储单元

（10）若有定义 "`int(*p)[10];`" 则 p（   ）。

     A．是一个指针数组名

     B．是一个指向整形变量的指针变量

     C．是一个指针变量，它指向一个含有 10 个整形元素的一维数组

     D．定义不合法

2．填空题

（1）指针是指_____，指针变量就是专门用来存放变量_____的变量。

（2）在 C 语言中，如果变量 q 指向 a，意味着变量 q 的内容是变量 a 的_____。

（3）若有定义 "`int *P;`"，则 q 前面的 "*" 表示 q 为_____。

（4）在 C 语言中，引用一个数组元素常用的方法是_____和_____。

（5）若 p 为指针变量，*（p++）与*（++p）的作用是否相同_____。

（6）已知 "`int n[10],*p;`"可以通过语句_____使指针变量 p 指向数组 n 的首地址。

（7）"`int *P[4];`"与"`int(*q)[4];`"中，p 和 q 哪个是一个指针变量_____，它指向含有 4 个元素的一维数组。

（8）若有以下定义和语句：

```
int a[]={2,4,6,8,10},*p;
 p=a;
```

则*（p+1）的值是_____。若 "`p=&a[3];`"则*--p 的值是_____。

（9）若有以下定义和语句：

```
int a[10],*p;
 p=a;
```

在程序中引用数组元素的四种形式是_____，_____，_____和 a［2］。

（10）数组名作函数的实参时，形参可以是同类型的数组或_____。

3．根据程序描述的功能把程序填补完整

（1）下面程序是把从终端读入的一行字符作为字符串放在字符数组中，再输出。请填写缺少的语句。

```
#include <stdio.h>
void main()
{
```

```
  int j;
  char str[100],*p;
  for(j=0;j<99;j++)
  {
    str[j]=getchar();
     if(str[j]=='\n')
     break;
  }
  str[j]=_____;
  p=_____;
  while(*p)
  putchar(*p++);
}
```

（2）以下程序中函数 huiwen 的功能是检查一个字符串是否是回文，当字符串是回文时，函数返回字符串"yes!"，否则函数返回字符串"no!"，并在 main 函数中输出。所谓回文即正向与反向的拼写都一样，如 goodoog。请把程序补充完整。

```
#include <string.h>
#include <stdio.h>
char *huiwen(char *str)
{ char *p1,*p2;
  int i,t=0;
  p1=str;
  p2=_____;
  for(i=0;i<=strlen(str)/2;i++)
      if(*p1++!=*p2--)
      { t=1;
      break;}
if(t==0)
return("yes");
else
 return("no!");
}
void main()
{
  char str[50];
  printf("输入:");
  scanf("%s",str);
  printf("%s\n",_____);
}
```

（3）已知函数 fun 的功能是求出 M 行 N 列二维数组每列元素中的最小值，并计算它们的和值，和值通过形参传回到 main 函数中输出。请把程序补充完整（注意大小写）。

```
#define M 2
#define N 4
#include <stdio.h>
void fun(int a[M][N],int *sum)
{    int i,j,k,s=0;
    for(i=0;i<N;i++)
    { k=0;
```

```
    for(j=0;j<M;j++)
          if(a[k][i]>a[j][i])
          k=j;
       s+=_____;
    }
          _____=s;
}
void main()
{
    int  x[M][N]={1,10,9,27,41,72,65,19},s;
    fun(_____);
    printf("%d\n",s);
}
```

4. 编程题

（1）从键盘输入 10 个数，按由小到大顺序输出。要求用指针实现。

（2）用指针编程实现删去一个字符串中第 i 个字符。

（3）编写函数实现字符串小写转大写 strupr()的功能。

（4）用指针写一个删除字符串中空格的函数。

（5）用指针写一个求字符串长度的函数。

第9章 结构体与共用体

前面章节已经介绍过 C 语言中的基本数据类型，如整型、实型、字符型，也介绍了几种复杂类型，如指针类型和数组类型。数组类型是将多个同一类型的数据组织在一起。但是在实际应用中，有时需要将不同类型的并且有一定关联的数据组合在一起，构成一个整体，并利用一个变量来描述它。C 语言为我们提供了这样一种数据类型，那就是结构体。

另外在实际应用中，有时候几种不同类型的变量不会同时存在。这样如果分别为每个变量分配一段存储空间，会造成存储空间的浪费。C 语言为我们提供了一种几个变量占用同一段内存空间的数据类型，那就是共同体。

本章的主要内容包括：

- 结构体类型
- 结构体类型变量
- 结构体数组
- 结构体指针变量
- 动态存储分配
- 共用体类型
- 类型定义
- 结构体和共用体举例

【案例 9-1】 新生入学了，要统计每位新生的基本信息，包括姓名、性别、年龄、高考成绩、家庭住址和联系方式。请编程实现计算机信息管理专业 30 名学生的信息统计。

案例分析 本题实现起来不难，主要是题目中数据太多。一名新生就有姓名、性别、年龄、高考成绩、家庭住址和联系方式 6 种数据，需要 6 个变量存放，并且每种数据的数据类型是不同的。而全计算机信息管理专业有 30 名学生，这就需要有 180 个变量。180 个数据变量如何定义呢？如何取变量名呢？使用以前的知识不好解决，而使用结构体能轻易解决这个问题。

案例实现

```
#include <stdio.h>
void main()
{
    struct student
    {
        char xm[20];
        int age;
        char sex[2];
```

```
        int score;
        char address[40];
        char lxfs[15];
    };
    struct student stu[30];
    int i;
    for(i=0;i<30;i++)                    /*学生数据的输入*/
    {    scanf("%s",stu[i].xm);
         scanf("%d",&stu[i].age);
         scanf("%s",stu[i].sex);
         scanf("%d",&stu[i].score);    /*输入数据后,不能回车,需直接输入下一数据*/
         gets(stu[i].address);
         scanf("%s",stu[i].lxfs);      /*输入数据后,不能回车,需直接输入下一数据*/
    }
    for(i=0;i<30;i++)                    /*学生数据的输出*/
    {    printf("stu[%d].xm=%s\n",i,stu[i].xm);
         printf("stu[%d].sex=%s\n",i,stu[i].sex);
         printf("stu[%d].age=%d\n",i,stu[i].age);
         printf("stu[%d].score=%d\n",i,stu[i].score);
         printf("stu[%d].address=",i);
         puts(stu[i].address);
         printf("stu[%d].lxfs=%s\n",i,stu[i].lxfs);
    }
}
```

以上程序中定义了一个结构体类型来存放一个学生的基本信息，使用结构体数组来存放一个班 30 名学生的基本信息。这里面涉及以下知识点。

（1）结构体类型的定义。

（2）结构体类型变量的定义。

（3）结构体类型变量的使用方法。

（4）结构体数组的定义。

下面分别介绍这些知识点。

9.1　结　构　体　类　型

现实中存在的大部分对象具有不同的属性，需要用不同的数据类型去描述。如青年，青年由几个基本属性（即成员）决定（name、color、sex、age 等），并且这些基本属性具有以下特点。

（1）各种信息数据类型不同。

（2）都属于青年，逻辑上有联系。

如何描述这些类型不同的相关数据？利用结构体能够将不同类型的数据组合在一起，来描述上述具有不同属性的对象。那么什么是结构体类型呢？结构体类型就是将多个具有不同数据类型的又具有某种联系的数据组成在一起构成的一种构造数据类型。

要使用结构体类型，首先要对结构体类型进行定义。定义结构体类型的一般形式为

struct　结构体名

　　{

```
    数据类型    成员名 1;
    数据类型    成员名 2;
    …
    数据类型    成员名 n;
};
```

其中，struct 为关键字，表示当前定义的是一个结构体类型；结构体名是用户定义的标识符，要符合 C 语言的标识符命名规则；{ }中是组成该结构体的成员，各成员的数据类型可以是基本数据类型，也可以是构造类型，包括结构体类型。例如，上文中的青年结构体定义如下。

```
struct person
{
    char name[20];              /* 定义姓名 */
    char color[10];             /* 定义肤色 */
    char sex;                   /* 定义性别 */
    int age;                    /* 定义年龄 */
};                              /* 注意这里有分号 */
```

再定义一个商品结构类型 goods，设商品包含属性有商品名、商品代码、厂商、单价、质量。

```
struct  goods
{
  char  goodsname[15];
  char  goodcode[15];
  char  companyname[30] ;
  float  price,weight ;
} ;
```

注 意

（1）结构体类型的定义是程序的语句，因此一定注意右花括号后面的分号不能丢。

（2）结构体中的成员可以是不同的数据类型，它们不是变量，因此成员名可以与程序中其他变量同名；不同结构体中的成员也可以同名。

（3）定义了一个结构体类型，只是定义了一种和 int、float 地位一样的数据类型，而不是变量的定义。

9.2 结 构 体 类 型 变 量

结构体类型只是一种数据类型，要想使用这种数据类型，必须定义结构体类型的变量。

9.2.1 结构体类型变量的定义

结构体类型变量的定义可以采用以下三种方法。

1. 先定义结构体类型再定义变量

```
struct book                      /* 定义结构体类型 */
{
```

```
    char  bookname[20];
    float  price;
    char  publisher[20];
    char  author[10];
} ;
struct book mybook, storybook;
```

用这种方法定义结构变量，是最常用的方法，但不能省略关键字"struct"。

2. 定义结构类型的同时定义结构变量

```
struct book                  /*  定义结构体类型 */
{
  char bookname[20];
  float price;
  char publisher[20];
  char author[10];
} mybook,storybook;
```

3. 不定义结构体名，直接定义结构变量

```
struct                   /*  不定义结构体名 */
{
  char  bookname[20];
  float  price;
  char  publisher[20];
  char  author[10];
} mybook,storybook;
```

 注 意

（1）类型与变量是不同的概念。对结构体变量来说，在定义时一般先定义一个结构体类型，然后定义变量为该类型。只能对变量赋值、存取或运算，而不能对一个类型赋值、存取或运算。在编译时，对类型是不分配空间的，只对变量分配空间。

（2）对结构体中的成员，可以单独使用，它的作用与地位相当于普通变量。

（3）成员也可以是一个结构体。

（4）成员名可以与程序中的变量名相同，二者不代表同一对象。

例如，先定义

```
struct date
{
    int month;
    int day;
    int year;
}birth;
```

则可以将 date 类型的结构体作为下面定义的 student 结构体的成员，student 定义如下。

```
  struct student
  {
    int num;
```

```
        char name[20];
        char sex;
        int age;
        struct date birthday;
        char addr[30];
    }student1,student2;
```

struct date 类型代表"日期"，包括三个成员 month（月）、day（日）、year（年）。定义 struct student 类型时，成员 birthday 的类型定义为 struct date 类型。

结构体 student 中有一个成员 num，可以在程序中再定义一个变量 num，它与 struct student 中的 num 是两个变量，互不影响。

9.2.2　结构体类型变量的引用

对结构体变量引用，是通过对每个成员的引用来实现的，其一般形式如下。

结构体变量名.成员名

其中，"."是结构体成员的运算符，它在所有运算符中优先级最高，因此上述引用结构体成员的写法，可以作为一个整体来看待。

例如，结构体变量 birth 中的三个成员可分别表示为

birth.month

birth.day

birth.year

如果成员本身又属于一个结构体类型，则要用若干个成员运算符，一级一级地找到最低一级的成员。只能对最低一级的成员进行赋值、存取或运算。例如，对上面定义的结构体变量 student1，可以按下列方式访问各成员。

student1.num

student1.birthday.month

student1.birthday.day

student1.birthday.year

在定义了结构体变量以后，当然可以使用这个变量，但是在使用这个变量时应遵守以下规则。

（1）不能将一个结构体变量作为一个整体进行输入和输出。例如，以下语句是错误的。

```
printf("%d,%s,%c,%d,%f,%s\n",student1);
```

只能对结构体变量中的各成员分别进行输入和输出，以下语句是正确的。

```
printf("%d,%s,%c,%d,%f,%s\n",student1.num,student1.name,student1.sex,stu-
dent1.age,studont1.score,student1.addr);
```

（2）对结构体变量中的每个成员都可以像同类型的普通变量一样进行各种运算。例如，student1.num 表示 student1 变量中的 num 成员，即学号项，可以对变量成员赋值：

```
student1.num=99001;
student1.age=20;
```

又如

```
student2.score=student1.score;
```

```
sum=student1.score+student2.score;
student1.age++;
++student1.age;
```

（3）可以引用成员的地址，也可以引用结构体变量的地址。例如：

```
scanf("%d",&student1.num);        /*输入 student1.num 的值*/
printf("%o",&student1);           /*输出 student1 的首地址*/
```

不能用以下语句整体读入结构体变量，以下语句是错误的。

```
scanf("%d%s%c%d%f%s",&student1);
```

（4）同类型结构体变量间的整体赋值。对于相同类型的结构体变量，可以整体赋值，即可以把一个结构体变量作为一个整体，赋给另一个类型相同的结构体变量。例如，上文中定义的 student1 和 student2 是相同类型结构体变量，student1 已经赋值，这时可以整体将 student1 赋给 student2，即执行"student2=student1;"执行完该语句之后，就会将 student1 变量中各成员项的值逐一赋给 student2 中相应的各成员。

【例 9-1】　输入一个学生的英语期中和期末成绩，计算并输出其平均成绩。

```
#incluede <stdio.h>
void main()
{ struct study
  {float mid;  float end; float average;
  }english;
 scanf("%f%f",&english.mid,&english.end);
 english.average=(english.mid+english.end)/2;
 printf("average=%.1f\n",english.average);
}
```

程序运行情况如下：

```
90.5,80.5✓average=85.5
```

9.2.3　结构体类型变量的初始化

和其他类型的变量一样，对结构体类型变量可以在定义该变量时指定变量的初始值，即初始化。

【例 9-2】　将结构体变量 a 赋初值为一个学生的记录，然后输出。

```
  struct student
  {
    long int num;
    char name[20];
    char sex;
    char addr[20];
  }a={99001,"Li Lin",'M',"Beijing Road"};
          /*定义结构体变量 a 并直接初始化*/
  void main()
  {
    printf("No.:%ld\n name:%s\n sex:%c \n
      address:%s\n",a.num,a.name,a.sex,a.addr);
  }
```

上述例子也可以先定义结构体，后赋初值。

```
struct student a={99001,"Li Lin",'M',"Beijing Road"};
```

它相当于为结构体变量 a 中的每一个成员赋以下初值：

```
a.num=99001;a.name="Li Lin";a.sex='M';a.addr="Beijing Road";
```

【例 9-3】 编写一个程序，用来统计两个学生的基本信息，包括姓名、学号、系别、当前学期和各科成绩。

```
#include <stdio.h>
#include <string.h>
void main()
{
struct  curriculum
{
  char curname[30] ;
  float curgrade;
};
struct student
{
char name[8] ;
  char stuid[10] ;
  char department[30] ;
  char semester[10];
  struct curriculum course;
} stu1 =
{ "lihong","200133420","computerdepartment","200609","Clanguage",87 };
                              /* 在定义 stu1 时初始化成员 */
struct student stu2;
printf("Enter stu2's  information:\n");
gets(stu2.name);                     /* 从键盘输入数据初始化 stu2 */
gets(stu2.stuid);
gets(stu2.department);
gets(stu2.semester);
gets(stu2.course.curname);
scanf("%f",&stu2.course.curgrade);
printf("the sut1's  information is :\n");
printf(" %s %s %s %s %s %f\n",stu1.name,
stu1.stuid,stu1.department,stu1.semester,
stu1.course.curname,stu1.course.curgrade);
printf("the sut2's  information is :\n");
printf(" %s %s %s %s %s %f\n",stu2.name,stu2.stuid,stu2.department,
stu2.semester,stu2.course.curname,stu2.course.curgrade);
}
```

运行过程：

```
liuliting
20060205
electronComputer
200703
English
```

```
76
lihong 200133420 computerdepartment 200609 Clanguage 87.000000
liuliting 20060205 electronComputer 200703 English 76.000000
```

9.3　结 构 体 数 组

在学习完结构体类型和结构体类型变量之后，［案例 9-1］可以实现了。这时可以定义一个结构体类型变量表示一个学生的信息，但是案例要求统计 30 名学生的信息，这时需要定义 30 个结构体类型变量，这也比较烦琐。要解决这个问题可以使用本节的知识点，结构体数组。

结构体数组类似于普通数据类型的数组，都是将多个数据类型相同的数据组合在一起构成的构造型数据类型。与普通数据类型数组不同的是，结构体数组的每个数组元素都是一个结构体类型的数据，它们都分别包括各个成员项。

9.3.1　结构体数组的定义

结构体数组的定义方式同结构体变量的定义方式一样，也有三种形式，只需把结构体变量定义成数组即可。例如：

```
struct student
{
  int num;
  char name[20];
  char sex;
  int age;
  float score;
  char addr[30];
};
struct student stu[3];
```

以上定义了一个数组 stu，其元素为 struct student 类型数据，数组有三个元素，如表 9-1 所示。也可以直接定义一个结构体数组。例如：

```
struct student
{
int num;
char name[20];
char sex;
int age;
float score;
char addr[30];
}stu[3];
```

或者还可以省略结构体名，直接定义结构体数组，例如：

```
struct
{
  int num;
  char name[20];
  char sex;
  int age;
  float score;
```

```
        char addr[30];
}stu[3];
```

表 9-1　　　　　　　　　结构体数组 **stu** 的各元素数据

num	Name	Sex	Age	Score	addr
0412100101	Lijun	F	20	89.5	beijing
0412100102	Wangfang	M	21	90.5	shanghai
0412100103	liping	M	19	95	tangshan

9.3.2 结构体数组的初始化

结构体数组的初始化和普通数组的初始化一样，也是在定义数组的后面加上各数组元素的数据。结构体数组初始化的一般形式是在定义数组的后面加上= {初值列表};

例如：

```
struct student
{
    int num; …
 }struct student stu[]={{…},{…},{…}};
```

【例 9-4】 这是一个对候选人得票的统计程序。设有三个候选人，每次输入一个得票的候选人的名字，要求最后输出每人得票结果。程序如下。

```
struct person                    /*定义描述候选人数据的结构体类型*/
{
    char name[20];               /*存放候选人姓名*/
    int count;                   /*存放得票数*/
}leader[3]={"Li",0,"Zhang",0,"Wang",0};
                                 /*有三个候选人 Li,Zhang,Wang*/
void main()
{
    int i,j;
    char name[20];
    for(i=1;i<=10;i++)           /*进行 10 次投票,即 i=1~10*/
    {
        scanf("%s",name);        /*输入候选人的名字*/
        for(j=0;j<3;j++)         /*每投票 1 次,将相应候选人的票数加 1*/
            if(strcmp(name,leader[j].name)==0)
            leader[j].count++;   /*将输入的名字与候选人名字比较,看选中谁*/
    }
    printf("\n");
    for(i=0;i<3;i++)
        printf("%5s:%d\n",leader[i].name,leader[i].count);
}
```

运行情况如下：

```
    Li ✓
    Zhang ✓
    Zhang ✓
    Li ✓
    Wang ✓
```

```
Li ✓
Wang ✓
Li✓
Zhang ✓
Wang ✓
Li:4
Zhang:3
Wang:3
```

【例 9-5】 建立五名学生的信息表，每个学生的信息包括学号、姓名及三门课的成绩，编写程序输出每一名学生的信息。

```
#include <stdio.h>
void main()
{
struct student                    /*定义结构体类型并定义结构体数组*/
{
 int num;
 char name[20];
 int score[3];
}stu[5];
  int i,j;
  for(i=0;i<5;i++)                /*为结构体数组各元素赋值*/
  {  scanf("%d%s",&stu[i].num,stu[i].name);
    for(j=0;j<3;j++)
      scanf("%d",&stu[i].score[j]);
  }
  for(i=0;i<5;i++)                /*输出结构体数组中各元素的值*/
  {  printf("%d%10s,",stu[i].num,stu[i].name);
    for(j=0;j<3;j++)
      printf("%7d",stu[i].score[j]);
  printf("\n");
  }
}
```

程序运行情况如下：

```
1001,chenlu 70 75 80✓
1002,chenlong 85 65 74✓
1003,wanglei 78 98 65✓
1004,liuwei 76 100 98✓
1005,liya 78 88 86✓
1001    chenlu    70    75    80
1002  chenlong    85    65    74
1003  wanglei    78    98    65
1004    liuwei    76   100    98
1005      liya    78    88    86
```

【例 9-6】 计算学生的平均成绩并统计出不及格的人数。

```
struct stud                       /*定义结构体类型*/
{
  int num;
```

```
    char name[20];
    char sex;
    float score;
 }boy[5]={{101,"Li ming",'M',54},{102,"Zhang ying",'M',67.5},
        {103,"gao fan",'F',96.5},{104,"Chen li",'F',76},
        {105,"Wang hong",'M',52}};
#include <stdio.h>
void main()
{  int i,c=0;
   float aveg,s=0;
   for(i=0;i<5;i++)                     /*累加各元素的 score 成员值,并累计不及格人数*/
     {
s+=boy[i].score;
     if(boy[i].score<60)
c+=1;
}
   aveg=s/5;
   printf("average=%f\ncount=%d\n",aveg,c);
}
```

9.4 结构体指针变量

指针变量是一个特别灵活的变量,它可以指向各种类型变量,包括结构体类型变量。一个结构体变量的指针就是该变量所占据的内存段的起始地址。可以设一个结构体类型的指针变量,用来指向一个结构体变量,此时该指针变量的值是结构体变量的起始地址,结构体指针变量主要是指向结构体变量的指针变量。

指向结构体变量的指针变量定义的一般形式为 struct 结构体名 *结构体指针变量名。

【例 9-7】 以下例题可以说明指向结构体类型变量的指针的应用。

```
#include<string.h>
void main()
{
    struct student
{
    long int num;
    char name[20];
    char sex;
    float score;
};
    struct student stu1;                         /*定义结构体变量*/
    struct student *p;                           /*定义结构体指针变量*/
    p=&stu1;                                      /*取变量 stu1 首地址*/
    stu1.num=99001;
    strcpy(stu1.name,"Li Lin");
    stu1.sex='M';stu1.score=89.5;
    printf("No.:%ld \n name::%s\n sex::%c\n score::%f\n",stu1.num,stu1.name,
stu1.sex,stu1.score);                            /*用结构体变量输出*/
```

```
        printf("\n No.:%ld\n name:%s \n sex:%c\n score:%f\n",(*p).num,(*p).name,
(*p).sex,(*p).score);                                    /*用结构体变量的指针输出*/
        }
```

运行结果：

```
    No.:99001
    name:Li Lin
    sex:M
    score:89.500000
    No.:99001
    name:Li Lin
    sex:M
    score:89.500000
```

可见两个 printf 函数输出的结果是相同的。

在 C 语言中，为了使用方便和使程序直观，可以把（*p）.num 改用 p->num 来代替，即 p 所指向的结构体变量中的 num 成员。同样，（*p）.name 等价于 p->name。也就是说，以下三种形式等价。

（1）结构体变量.成员名。

（2）（*p）.成员名。

（3）p->成员名。

上面程序中最后一个 printf 函数中输出项表列可以改写为　p->num，p->name，p->sex，p->score。其中->称为指向运算符，请注意以下式子的含义。

p->n：得到 p 指向的结构体变量中的成员 n 的值。

p->n++：得到 p 指向的结构体变量中的成员 n 的值，用完该值后使它加 1。

++p->n ：先使 p 指向的结构体变量中的成员 n 的值加，再使用该值。

【例 9-8】 分析以下代码及输出结果。

```
#include <stdio.h>
#include <string.h>
struct  curriculum
 {
    char curname[30] ;
    float curgrade;
};
struct  student
 {
    char name[15] ;
    char stuid[10] ;
    char department[30] ;
    char semester[10];
    struct curriculum course;
 }stu1={"zhangcheng","200333067","ComputerDepartment","200409","JAVALangu
age",87 };
  void main()
  {
    struct student sst ;
    struct student *ptrst1 = &stu1,*ptrst2 = &sst ;
```

```
        printf("Enter the pionter ptr's information :\n");
        gets(ptrst2->name);
        gets(ptrst2->stuid);
        gets(ptrst2->department);
        gets(ptrst2->semester);
        gets((*ptrst2).course.curname);
        scanf("%f",&(*ptrst2).course.curgrade);
        printf("Thet stu1's information is :\n");
        printf(" %s %s %s %s %s %f\n",stu1.name,ptrst1->stuid,(*ptrst1).department,
(*ptrst1).semester,(*ptrst1).course.curname,(*ptrst1).course.curgrade);
        printf("Thet ptr's information is :\n");
        puts(ptrst2->name);
        puts(ptrst2->stuid);
        puts(ptrst2->department);
        puts(ptrst2->semester);
        puts(ptrst2->course.curname);
        printf("%f",ptrst2->course.curgrade);
    }
```

运行输出：

```
Enter the pionter ptr's information :
zenqiong
200302043
EnglishDepartment
200503
English
68
Thet stu1's information is :
 zhangcheng 200333067 ComputerDepartment 200409 JAVALanguage 87.000000
Thet ptr's information is :
zenqiong
200302043
EnglishDepartment
200503
English
68.000000
```

9.5　动态存储分配

　　前面章节介绍数组时，曾讲过数组的长度是预先定义好的，在数组的生存期内数组的长度是是固定不变的，这种分配方式称为"静态存储分配"。

　　如果有以下语句，则是错误的。

```
int n;
scanf("%d",&n);
int b[n];
```

　　但是在实际编程时，经常遇到所需要的内存空间是无法确定的，所需空间的大小取决于实际输入的数据的情况。为了解决这个问题，C 语言提供了"动态存储分配"的内存空间分配方式。该方式是在程序执行期间当需要空间来存储数据时，可以向系统"申请"分配指定的内存空间；当有闲置不用的空间时，可以随时将其释放，由系统另作它用。动态存储分配通过调用 C 语言提供的内存管理函数来实现。常用的内存管理函数有以下三个：malloc()，calloc()，free()。

1. 分配内存空间函数 malloc

调用格式：（类型说明符*）malloc（size）

功能：在内存的动态存储区中分配一块长度为 size 字节的连续区域。其中"类型说明符"的含义是规定该区域用于存放何种数据类型的数据；而（类型说明符*）的含义是把申请的连续区域的返回值强制转换为该类型的指针类型，而函数的返回值为该区域的首地址。

C 语言提供的动态存储分配库函数，它们的原型说明在"stdlib.h"头文件和"malloc.h"头文件中，使用这些函数时，应选择其中一个头文件包含到源程序中。例如：

```
p=(char*)malloc(60);
```

表示在内存的动态存储区中分配 60 字节的内存空间，用于存放字符型的数据。函数的返回值为所分配区域的起始地址，并把该地址指针赋给指针变量 p。如果此函数未能成功地执行（如内存空间不足），则返回空指针（NULL）。

2. 分配内存空间函数 calloc

调用格式：（类型说明符*）calloc（n，size）

功能：在内存动态存储区中分配 n 块长度为 size 字节的连续区域，函数的返回值为该区域的首地址。calloc 函数与 malloc 函数的区别仅在于一次可以分配 n 块区域。例如：

```
p=(struct stud *)calloc(3,sizeof(struct stud));
```

其中的 `sizeof(struct stud)` 是求 stud 结构体的长度。

语句功能：按 stud 的长度分配三块连续区域，用来存放 stud 类型数据，并把其首地址赋给指针变量 p。

3. 释放内存空间函数 free（此函数无返回值）

调用格式：free（p）；

功能：释放 p 所指向的内存空间。

p 是一个指向任意类型的指针变量，它指向被释放区域的首地址。被释放区应是由 malloc 或 calloc 函数所分配的区域。

 注 意

free 函数没有返回值。

【例 9-9】 分配一块区域，输入一个学生的数据。

```
#include <stdio.h>
#include <malloc.h>
#include <string.h>
void main()
{
    struct stud
    {
```

```
  int num;
  char name[10];
  char sex;
  float score;
 }*p;
 p=(struct stud*)malloc(sizeof(struct stud));
 p->num=1001;
 strcpy(p->name,"wang ping");
 p->sex='M';
 p->score=82.7;
 printf("Number=%d\nName=%s\n",p->num,p->name);
 printf("Sex=%c\nScore=%.1f\n",p->sex,p->score);
 free(p);
}
```

程序运行结果：

```
Number=1001
Name= wang ping
Sex= M
Score=82.7
```

9.6　共 用 体 类 型

【案例 9-2】 假设一个学生的信息表中包括学号、姓名和一门课的成绩。而成绩通常又可采用两种表示方法：一种是五分制，采用整数形式；另一种是百分制，采用浮点数形式。现要求编一程序，输入一个学生的信息并显示出来。

案例分析 学生信息表包括学号、姓名等多项，学习完结构体之后，我们会马上想到用结构体表示学生信息表。但是学生信息表有一个成员比较特殊：成绩。它有两种表示方法，一种五分制，采用整数形式；另一种是百分制，采用浮点数。对于某个学生来说，这两个变量只有一个起作用，不可能同时存在。如果单独定义变量，会造成内存空间的浪费，那么怎样可以节省内存空间呢？答案是采用本节要讲的共同体类型变量。

案例实现

```
#include<stdio.h>
union mixed                    /*定义共用体类型*/
{
  int iscore;
  float fscore;
 };
struct st
{
  int num;
  char name[20];
  int type;
  union mixed score;           /*结构体中包含共用体类型的变量 score*/
 };
struct st pupil;
```

```
void main()
{
  printf("Please input student's num,name:");
  scanf("%d%s",&pupil.num,pupil.name);
  printf("Please input student score's tag:");
  scanf("%d",&pupil.type);
  if(pupil.type==0)                          /*采用五分制*/
      scanf("%d",&pupil.score.iscore);
  else if(pupil.type==1)                     /*采用百分制*/
      scanf("%f",&pupil.score.fscore);
  printf("学号:%d\n 姓名:%s\n",upil.num,pupil.name);
  if(pupil.type==0)
    printf("成绩:%d\n",pupil.score.iscore);
  else if(pupil.type==1)
    printf("成绩:%f\n",pupil.score.fscore);
}
```

程序运行结果：

```
Please input student's num,name:4001  liping ✓
Please input student score's tag:0 ✓
4✓
学号:4001✓
姓名:liping✓
成绩:4✓
```

以上程序中使用了共用体类型变量来解决学生成绩的两种表示方式：百分制形式和五分制形式。程序中涉及以下知识点。

（1）共用体类型的定义。

（2）共用体类型变量的定义。

（3）共用体类型变量的引用方法。

下面分别介绍这些知识点。

和结构体相似的还有一种数据类型，这种数据类型也是将多个不同类型的数据组合在一起，但是和结构体不同的是这种数据类型中的多个不同类型的数据是从同一地址开始存放的，就是说有一段地址是多个不同类型数据共同占用的，这样可以节省存储空间。虽然不同类型的变量在内存中占用的字节数不同，但都是从同一地址开始存放的，这是采用的覆盖技术，即每次向内存单元中赋一种类型的值，赋入的新值会覆盖旧值。定义不同类型的数据共享同一段存储区域，这种形式的数据构造类型称为共用体。

9.6.1　共用体类型的定义

共用体类型的定义和结构体类似，一般形式为

union　共用体名

　　{

　　　　成员表列；

　　};

union 为关键字，表示当前定义的是一个共用体类型；共用体名是用户自己定义的类型标识符，用来表示共用体类型的名字；{ }中是组成该共用体的成员列表。

"}" 后的 ";" 不丢。

例如：

```
union data
{
  int i;
  char ch;
  float f;
};
```

定义一个名字为 data 的共用体类型，在这个类型中，变量 i、ch、f 共用同一块内存单元。

定义了一个 union date 共用体类型，共用体类型定义不分配内存空间，只是说明此类型数据的组成情况。

9.6.2　共用体类型变量的定义

和结构体一样，定义共用体类型之后只是定义了一种数据类型，如果要想使用共用体类型，必须定义共用体类型变量。共用体类型变量的定义和结构体类型变量的定义方式相同，也有三种方式。

（1）先定义共用体类型，再定义共用体变量。

```
union data
{ int i;
  char ch;
  float f;
};
union data a,b;
```

（2）定义共用体类型的同时定义共用体变量。

```
union data
{
  int i;
  char ch;
  float f;
}a,b;
```

（3）直接定义共用体变量。

```
union
{
 int i;
  char ch;
  float f;
}a,b;
```

例如，共用体类型变量 a 三个成员的存储空间情况如图 9-1 所示，三个成员都是从同一地址内存单元开始存放数据的。共用体类型变量 a 的存储空间就是成员 f 所占的存储单元个数 4。

图 9-1　共用体类型变量 a 的存储结构

9.6.3　共用体类型变量的引用

　　共用体类型变量的引用与结构体类型变量的引用一样，也是采用 "." 这个运算符。形式为

　　共用体类型变量名.成员名；

　　和结构体类型变量相同，只有先定义了共用体变量，然后才能引用它。引用时不能直接引用共用体变量，而只能引用共用体变量中的成员。例如：

　　a.i：引用共用体变量 a 中的整型变量 i。

　　c.ch：引用共用体变量 c 中的字符型变量 ch。

　　b.f：引用共用体变量 b 中的实型变量 f。

　　不能直接引用共用体变量，例如：

　　`printf("%d",a);`是错误的，应该写成 `printf("%d",a.i);`或 `printf("%c",a.ch);`。

9.7 类 型 定 义

C 语言提供了许多标准类型名, 如 int、char、float 等, 用户可以直接使用这些类型名来定义所需要的变量。同时 C 语言还允许使用 typedef 语句定义新类型名, 以取代已有的类型名, typedef 定义的一般形式为

typedef 原类型名 新类型名;

例如, `typedef int counter;`

作用是使 counter 等价于基本数据类型名 int, 以后就可以利用 counter 来定义 int 型变量。例如, `counter i,n;`等价于 `int i,n;`。

使用类型定义的优点是能够提高程序的可读性。由上述语句可以看出, 当用 counter 来定义 i、n 变量时, 就可以判断出 i、n 变量的作用是当计数器使用, 但如果用 int 来定义, 就难以看出这种用途。

> **注 意**
>
> （1）typedef 语句不能创造新的类型, 只能为已有的类型增加一个类型名。
>
> （2）typedef 语句只能用来定义类型名, 而不能用来定义变量。

【例 9-10】 分析下列程序。

```
#include<stdio.h>
typedef int integer;
typedef float real;
void  main()
{
integer i=5;       /*相当于 int i=5*/
real f;            /*相当 float f*/
f=(real)i/10;
printf("%f",f);
}
```

运行结果为 0.500000

另外, 利用 typedef 可以简化结构体变量的定义。例如, 有如下结构体。

```
   struct employee
  {
    int num;
    char name[10];
    char sex;
    int age;
  };
```

如果要定义结构体变量 emp1、emp2, 若采用 `struct employee emp1,emp2;`则需要键入的内容较多。在这种情况下, 可以使用 typedef 来简化变量的定义, 方法为

```
typedef struct employee emp;
    emp emp1,emp2;
```

以后再定义其他变量则可直接用 emp 代替 struct employee。

9.8　结构体和共用体举例

【例 9-11】　以下程序是对候选人得票的统计程序。设有三个候选人，每次输入一个得票的候选人的名字，要求最后输出各人得票结果。

程序如下。

```
#include <string.h>
struct person
  {char name[20];
       int count;
  } leader[3]={"Li",0,"Zhang",0,"Fun",0};
void main()
  {  int i,j;
     char leader_name[20];
     for(i=1;i<=10;i++)
       {scanf("%s",leader_name);
        for(j=0;j<3;j++)
            if(strcmp(leader_name,leader[j].name)==0)
                leader[j].count++;
}
       printf("\n");
for(i=0;i<3;i++)
printf("%5s:%d\n",leader[i].name,leader[i].count);
  }
```

【例 9-12】　口袋中有红、黄、蓝、白、黑五种颜色的球若干个。每次从口袋中先后取出三个球，问得到三种不同色的球的可能取法，打印出每种排列的情况。

```
#include <stdio.h>
void main()
{enum color {red,yellow,blue,white,black};
 enum color i,j,k,pri;
 int n,loop;
 n=0;
for(i=red;i<=black;i++)
 for(j=red;j<=black;j++)
if(i!=j)
{ for(k=red;k<=black;k++)
if((k!=i)&&(k!=j))
{n=n+1;
printf("%-4d",n);
for(loop=1;loop<=3;loop++)
{switch(loop)
{case 1:pri=i;break;
case 2:pri=j;break;
case 3:pri=k;break;
default:break;
}
```

```
switch(pri)
{case red:printf("%-10s","red");break;
case yellow:printf("%-10s","yellow");break;
case blue:printf("%-10s","blue");break;
case white:printf("%-10s","white");break;
case black:printf("%-10s","black");break;
default :break;
}
}
 printf("\n");
}
 }
printf("\ntotal:%5d\n",n);
}
```

【例 9-13】 建立教师和学生登记表，其中包括识别号、姓名、身份和职称。若身份是
"student" 时，则职称一栏填年级；若身份是 "teacher" 时，则职称栏填职称。

```
#include "stdio.h"
#include "string.h"
struct persontype
{ int  id;
  char name[10];
  char job[10];
  union
  { int  grade;
     char position[10];
  }level;
}person[2];
void main()
{ int  n,i;
  printf("\n Personal Information(ID,name,job,grade or position):\n");
  for(i=0;i<2;i++)
{    scanf("%d%s%s",&person[i].id,person[i].name,person[i].job);
    if(!strcmp(person[i].job,"student"))
scanf("%d",&person[i].level.grade);
    else if(!strcmp(person[i].job,"teacher"))
     scanf("%s",person[i].level.position);
    else printf("error!\n");
  }
  printf("ID name job grade/position \n");
  for(i=0;i<2;i++)  /*output data*/
  { if(!strcmp(person[i].job,"student"))
     printf("%d %s%d\n",person[i].id,person[i].name,person[i].job,person[i].
level.grade);
     else
     printf("%d %s %s\n",person[i].id,person[i].name,person[i].job,person[i].
level.position);
  }
}
```

【例 9-14】 用结构体数组处理通信录。

```
#include <stdio.h>
```

```
#include <stdlib.h>
#define  MAXIMUM  2
struct  stud
{ char  name[30];
  int age;  /*float*/
  char  sex;
  char  tel[8];
  char  add[100];
}
main()
{ struct stud stu [MAXIMUM];
  char  str[10];int  i;
  for(i=0;i<MAXIMUM;i++)
  { printf("name?");gets(stu [i].name);
    printf("sex?"); gets(str);
    stu [i].sex=str[0];
    printf("age?");gets(str);
    stu[i].age=atoi(str);/*atof*/
    printf("tel ?");gets(stu[i].tel);
    printf("add ?");gets(stu [i].add);
  }
  for(i=0;i<MAXIMUM;i++)
  { printf("%s %6.2f",stu[i].name,stu[i].age);
printf("%c %s %s",stu[i].sex,stu[i].tel,stu[i].add);
    printf("\n");
  }
}
```

【例 9-15】分别输入一周中的每天工作时间，并输出总的工资：周日的工资为 120RMB/h，周六为 100RMB/h，其他时间 80RMB/h。

```
#include <stdio.h>
void main()
{ enum week{SUN,MON,TUE,WED,THR,FRI,SAT};
  enum week day;
  int total,pay,hour;total=0;
  printf("Please enter your working hours from SUN to SAT\n");
  for(day=SUN;day<=SAT;day++)
  { scanf("%d",&hour);
    switch(day)
    { case SUN :pay=hour*120;break;
      case SAT :pay=hour*100;break;
      default : pay=hour*80; break;
/* from MON to FRI */
    }
    total+=pay;
  }
  printf("Your total pay is:%d",total);
}
```

9.9 上 机 实 训

9.9.1 实训目的
（1）掌握结构体类型、结构体变量的定义和使用方法。
（2）掌握结构体数组的定义和使用方法。
（3）掌握共用体类型的定义和使用方法。
（4）了解枚举类型和类型定义 typedef 的使用方法。

9.9.2 实训内容
（1）编辑调试下面的程序，熟悉结构的访问方法。

```
struct student
{char name[10]
char sex;
float score;
}stu={"li fang",'f',98};
void main()
{stuct student *p;
p=&stu;
printf("\n &stu=%x,or%u",p,p);
printf("\n%s,%c",%f",sut.name,stu.sex,stu.Score);
printf("\n %s,%c,%f",(*p).name,(*p).sex,(*p).score);
printf("\n %s,%c,%f",p-name,p-sex,p-score);
}
```

（2）运行下面的程序，掌握结构体变量的初始化。

```
#include <stdio.h>
void main()
 {struct student
  {long int num;
   char name[20];
   char sex;
   char addr[20];
  }a={89031,"Li Lin",'M',"123 Beijing Road"};单个字符单引号,字符串双引号

printf("NO.:%ld\nname:%s\nsex:%c\naddress:%s\n",a.num,a.name,a.sex,a.addr);
  }
```

（3）运行以下程序，熟悉结构体和共用体的使用。

```
#include <stdio.h>
union u_type
{ struct
  { unsigned int head,tail;
  }b;
  unsigned long w;
}r;
void main()
{ printf("please input a unsigned long type
number\n");
```

```
    scanf("%lu",&r.w);
    printf("the result is:\n");
    printf("%u %u",r.b.tail,r.b.head);
}
```

（4）运行下面的程序，注意指向结构体变量的指针的应用。

```
#include <string.h>
void main()
{struct student
    {long num;
    char name[20];
    char sex;
    float score;
};
struct student stu_1;
    struct student * p;
    p=&stu_1;
    stu_1.num=89101;
    strcpy(stu_1.name,"Li Lin");
    stu_1.sex='M';
    stu_1.score=89.5;
    printf("No.:%ld\nname:%s\nsex:%c\nscore:%f\n",
    stu_1.num,stu_1.name,stu_1.sex,stu_1.score);
    printf("No.:%ld\nname:%s\nsex:%c\nscore:%f\n",(*p).num,(*p).name,(*p).
sex,(*p).score);
    }
```

（5）运行下面的程序，注意指向结构体数组的指针的应用。

```
#include <stdio.h>
struct student
{int num;
  char name[20];
  char sex;
  int age;
  };
  struct student stu[3]={{10101,"Li Lin",'M',18},
                        {10102,"Zhang Fun",'M',19},
                          {10104,"Wang Min",'F',20}
                                };
  void main()
  { struct student *p;
printf("  No.Namesexage\n");
for(p=stu;p<stu+3;p++)   /* stu+3 代表第三行的首地址*/
printf("%5d %-20s %2c %4d\n",p->num,p->name,p->sex,p->age);
}
```

（6）上机运行调试下面的程序，分析程序的运行结果。

```
#include <stdio.h>
#include <string.h>
struct  curriculum
 {
    char curname[30] ;
    float curgrade;
```

```
        };
  struct  student
    {
      char name[15] ;
      char stuid[10] ;
      char department[30] ;
      char semester[10];
      struct curriculum course;
    } stu1 = { "zhangcheng","200333067","ComputerDepartment","200409","JAVALan-
guage",87 };
  void main()
    {
      struct student sst ;
      struct student *ptrst1 = &stu1,*ptrst2 = &sst ;
      printf("Enter the pionter ptr's information :\n");
      gets(ptrst2->name);
      gets(ptrst2->stuid);
      gets(ptrst2->department);
      gets(ptrst2->semester);
      gets((*ptrst2).course.curname);
      scanf("%f",&(*ptrst2).course.curgrade);
      printf("Thet stu1's information is :\n");
      printf(" %s %s %s %s %s %f\n",stu1.name,ptrst1->stuid,(*ptrst1).department,
(*ptrst1).semester,(*ptrst1).course.curname,(*ptrst1).course.curgrade);
      printf("Thet ptr's information is :\n");
      puts(ptrst2->name);
      puts(ptrst2->stuid);
      puts(ptrst2->department);
      puts(ptrst2->semester);
      puts(ptrst2->course.curname);
      printf("%f",ptrst2->course.curgrade);
    }
```

9.10　习　　　题

1. 选择题

（1）当说明一个结构体变量时系统分配给它的内存是（　　　）。

    A. 各成员所需内存的总和　　　　　　B. 结构中第一个成员所需内存量

    C. 成员中占内存量最大者所需的容量　　D. 结构中最后一个成员所需内存量

（2）设有以下说明语句

```
struct stu
{ int a;
float b;
}stutype
```

则以下叙述不正确的是（　　　）。

    A. struct 是结构体类型的关键字

    B. struct stu 是用户定义的结构体类型

C．stutype 是用户定义的结构体类型名

D．a 和 b 都是结构体成员名

（3）C 语言结构体类型变量在程序执行期间（　　）。

A．所有成员一直驻留在内存中　　　　　B．只有一个成员驻留在内存中

C．部分成员驻留在内存中　　　　　　　D．没有成员驻留在内存中

（4）在 16 位机动 IBM-PC 机上使用 C 语言，若有如下定义：

```
struct data
{ int I;
char ch;
double f;
}b;
```

则结构体变量 b 占用内存的字节数是（　　）。

A．1　　　　　　　B．2　　　　　　　C．8　　　　　　　D.11

（5）以下程序的运行结果是（　　）。

```
main()
{struct date
{int year,month,day;}today;
printf("%d\n",sizeof(struct date));}
```

A．6　　　　　　　B．8　　　　　　　C．10　　　　　　　D．12

（6）根据下面的定义，能打印出字母 M 的语句是（　　）。

```
struct person
{  char name[9];
int age;
};
struct person class[10]={"John",17,"Paul",19,"Mary"18,"adam",16};
```

A．printf("%c\n",class[3].name);

B．printf("%c\n",class[3].name)[1]);

C．printf("%c\n",class[2].name)[1]);

D．printf("%c\n",class[2].name)[0]);

（7）下面程序的运行结果是（　　）。

```
main()
{  struct cmplx
{int x;
int y;
}cnumn[2]={1,3,2,7};
printf("%d\n"),cnum[0].y/cnum[0].x*cnum[1].x;}
```

A．0　　　　　　　B．1　　　　　　　C．3　　　　　　　D．6

（8）若有以下定义和语句

```
struct student
{int age;
int num;
};
struct student stu[3]={{1001,20},{1002,19},{1003,21}};
```

```
main()
{struct student *p;
p=stu;…}
```
则以下不正确的引用是（　　　）。

    A．（p++）→num   B．p++

    C．（*p）.num   D．p=&stu.age

（9）以下 scanf 函数调用语句中对结构体变量成员的不正确引用是（　　　）。

```
struct pupil
{ char name[20];
int age;int sex;
}pup[5],*p;
p=pup;
```

    A．scanf("%s",pup[0].name);   B．scanf("%d",&pup[0].age);

    C．scanf("%d",&(p->.sex));   D．scanf("%d",p-age);

（10）若有以下说明和语句：

```
struct student
{int age;
 int num;
}std.*p;
p=&std;
```

则以下对结构体变量 std 中成员 age 的引用方式，不正确的是（　　　）。

    A．std.age   B.P->age   C．（*p）.age   D.*p.age

2. 填空题

（1）定义结构体的关键字是＿＿＿＿＿，定义共用体的关键字是＿＿＿＿＿。

（2）若有以下定义和语句,则 sizeof(a)的值是＿＿＿＿＿,而 sizeof(b)的值是＿＿＿＿＿。

```
struct tu
{ int m;  char n; int y;}a;
struct
{ float  p; char  q;struct  tu r} b;
```

（3）设有下面结构类型说明和变量定义，则变量 a 在内存所占字节数是＿＿＿＿＿。如果将该结构改成共用体，结果为＿＿＿＿＿。

```
struct  stud
{ char num[6];int s[4];double ave;} a;
```

（4）下面程序用来输出结构体变量 ex 所占存储单元的字节数，请填空。

```
struct st
{ char name[20];double score;};
main()
{ struct st ex ;printf("ex size:%d\n",sizeof(        ));}
```

（5）下面定义的结构体类型拟包含两个成员，其中成员变量 info 用来存入整形数据；成员变量 link 是指向自身结构体的指针，请将定义补充完整。

```
struct node
```

```
    { int info;_____ link;  }
```

（6）以下程序执行后输出结果是_____。

```
    main()
    { union {  unsigned int n;unsigned char c;} u1;
      u1.c='A';  printf("%c\n",u1.n);  }
```

（7）变量 root 如图所示的存储结构，其中 sp 是指向字符串的指针域，next 是指向该结构的指针域，data 用以存放整型数。请填空，完成此结构的类型说明和变量 root 的定义。

root

sp	next	data

```
    struct  list
    { char *sp ;_____;_____; } root;
```

3. 阅读下面的程序，写出程序结果

（1）

```
struct  info
{ char   a,b,c;};
main()
{  struct  info s[2]={{'a','b','c'},{'d','e','f'}};int t;
t=(s[0].b-s[1].a)+(s[1].c-s[0].b);
printf("%d\n",t);  }
```

（2）

```
void main()
{union { char i[2];int k;} stu;
    stu.i[0]='2'; stu.k=0;
printf("%s,%d\n",stu.i,stu.k);
}
```

（3）

```
 union myun
 { struct{ int x,y,z;} u;  int k;  } a;
 main()
 { a.u.x=4;a.u.y=5;a.u.z=6;  a.k=0; printf("%d\n",a.u.x);}
```

4. 程序设计题

（1）设计一个程序，用结构体类型实现两个复数相加。

（2）要求编写程序：有四名学生，每个学生的数据包括学号、姓名、成绩，要求找出成绩最高者的姓名和成绩，上机运行程序。

（3）设计如下程序：某班 30 人，每人一个记录，包括姓名、学号和某门功课的成绩。从键盘输入（用结构体数组形式访问）这些数据，然后对成绩进行自高而低排序，最后输出排序后的每条记录（用指针访问）。

第 10 章 编 译 预 处 理

编译预处理是在编译前对源程序进行的一些预加工。预编译处理有助于编写易移植、易调试的程序。预处理,顾名思义,就是编译器在对源程序进行编译之前对其进行宏定义的替换及文件包含的嵌入等操作。

本章主要内容包括:

- 宏定义
- 文件包含
- 条件编译

【案例】定义一个 PI 来代替 3.1415926。

案例实现

```
#define  PI  3.1415926
main()
{
  float r,s,c;
  scanf("%f",&r);
  s = r * r * PI;
  printf("s=%.2f",s);
}
```

案例分析

(1) 宏名的替换过程其实是一种简单的复制工作。

(2) 宏名一般习惯写成大写字母,主要是为了与变量名区分。

(3) 使用宏名后可以提高程序的可读性。

(4) 进行宏定义时,可以使用前面已定义的宏名。

10.1 宏 定 义

在前面各章中,已多次使用过以"#"号开头的预处理命令。如包含命令#include、宏定义命令#define 等。在源程序中这些命令都放在函数之外,而且一般都放在源文件的前面,它们称为预处理部分。

预处理是 C 语言的一个重要功能,它由预处理程序负责完成。当对一个源文件进行编译时,系统将自动引用预处理程序对源程序中的预处理部分作处理,处理完毕自动进入对源程序的编译。

C 语言提供了多种预处理功能,如宏定义、文件包含、条件编译等。合理地使用预处理功能编写的程序便于阅读、修改、移植和调试，也有利于模块化程序设计。

在 C 语言源程序中允许用一个标识符来表示一个字符串，称为"宏"。被定义为"宏"的标识符称为"宏名"。在编译预处理时，对程序中所有出现的"宏名"，都用宏定义中的字符串去代换，这称为"宏代换"或"宏展开"。

宏定义是由源程序中的宏定义命令完成的。宏代换是由预处理程序自动完成的。

在 C 语言中，"宏"分为有参数和无参数两种。

10.1.1　无参宏定义

无参宏的宏名后不带参数。其定义的一般形式为

#define　标识符　字符串

其中的"#"表示这是一条预处理命令。凡是以"#"开头的均为预处理命令。"define"为宏定义命令。"标识符"为所定义的宏名。"字符串"可以是常数、表达式、字符串等。在前面介绍过的符号常量的定义就是一种无参宏定义。此外，常对程序中反复使用的表达式进行宏定义。例如：

```
#define T (x*x+x)
```

它的作用是指定标识符 T 来代替表达式（x*x+x）。在编写源程序时，所有的（x*x+x）都可由 T 代替，而对源程序作编译时，将先由预处理程序进行宏代换，即用（x*x+x）表达式去置换所有的宏名 T，然后再进行编译。

【例 10-1】　读下面的程序，注意程序运行结果。

```
#define M(y*y+3*y)
main()
{
  int s,y;
  printf("input a number:  ");
  scanf("%d",&y);
  s=3*M+4*M+5*M;
  printf("s=%d\n",s);
}
```

上例程序中首先进行宏定义，定义 M 来替代表达式（y*y+3*y），在 s=3*M+4*M+5*M 中作了宏调用。在预处理时经宏展开后该语句变为

```
s=3*(y*y+3*y)+4*(y*y+3*y)+5*(y*y+3*y);
```

但要注意的是，在宏定义中表达式（y*y+3*y）两边的括号不能少。否则会发生错误。如作以下定义后

```
#difine M y*y+3*y
```

在宏展开时将得到下述语句

```
s=3*y*y+3*y+4*y*y+3*y+5*y*y+3*y;
```

这相当于

```
3y2+3y+4y2+3y+5y2+3y;
```

显然与原题意要求不符。计算结果当然是错误的。因此在作宏定义时必须十分注意。应保证在宏代换之后不发生错误。

对于宏定义还要说明以下几点。

（1）宏定义是用宏名来表示一个字符串，在宏展开时又以该字符串取代宏名，这只是一种简单的代换，字符串中可以含任何字符，可以是常数，也可以是表达式，预处理程序对它不作任何检查。如有错误，只能在编译已被宏展开后的源程序时发现。

（2）宏定义不是说明或语句，在行末不必加分号，如加上分号则连分号也一起置换。

（3）宏定义必须写在函数之外，其作用域为宏定义命令起到源程序结束。如要终止其作用域可使用# undef 命令。

例如：

```
#define PI 3.14159
main()
{
    …
}
#undef PI
f1()
{
    …
}
```

表示 PI 只在 main 函数中有效，在 f1 中无效。

（4）宏名在源程序中若用引号括起来，则预处理程序不对其作宏代换。

【例 10-2】 试用宏定义实现用标识符 OK 来代替 100，编写程序输出"100"。

```
#define OK 100
main()
{
  printf("OK");
  printf("\n");
}
```

上例中定义宏名 OK 表示 100，但在 printf 语句中 OK 被引号括起来，因此不作宏代换。程序的运行结果为 OK，这表示把"OK"当字符串处理。

（5）宏定义允许嵌套，在宏定义的字符串中可以使用已经定义的宏名。在宏展开时由预处理程序层层代换。例如：

```
#define PI 3.1415926
#define S PI*y*y          /* PI 是已定义的宏名*/
```

对语句 printf("%f",S)，在宏代换后变为 printf("%f",3.1415926*y*y);。

（6）习惯上宏名用大写字母表示，以便于与变量区别。但也允许用小写字母。

（7）可用宏定义表示数据类型，使书写方便。例如：

```
    #define STU struct stu
```

在程序中可用 STU 作变量说明：

```
    STU body[5],*p;
    #define INTEGER int
```

在程序中即可用 INTEGER 作整型变量说明：

```
INTEGER a,b;
```

应注意用宏定义表示数据类型和用 typedef 定义数据说明符的区别。

宏定义只是简单的字符串代换，是在预处理完成的，而 typedef 是在编译时处理的，它不是作简单的代换，而是对类型说明符重新命名。被命名的标识符具有类型定义说明的功能。

```
#define PIN1 int *
typedef(int *)PIN2;
```

从形式上看这两者相似，但在实际使用中却不相同。

下面用 PIN1、PIN2 说明变量时就可以看出它们的区别。

PIN1 a,b;在宏代换后变成 int *a,b;表示 a 是指向整型的指针变量，而 b 是整型变量。

然而，PIN2 a,b;表示 a，b 都是指向整型的指针变量。因为 PIN2 是一个类型说明符。由这个例子可见，宏定义虽然也可表示数据类型，但毕竟是作字符代换。在使用时要分外小心，以避出错。

（8）对"输出格式"作宏定义，可以减少书写麻烦。

【例 10-3】 试用宏定义实现用标识符 P、D、F 来代替 printf、"%d\n"、"%f\n"，编写程序输出变量 a、b、c、d、e、f 的值，使得输出语句书写起来更方便。

```
#define P printf
#define D "%d\n"
#define F "%f\n"
main(){
  int a=5,c=8,e=11;
  float b=3.8,d=9.7,f=21.08;
  P(D F,a,b);
  P(D F,c,d);
  P(D F,e,f);
}
```

10.1.2 带参宏定义

C 语言允许宏带有参数。在宏定义中的参数称为形式参数，在宏调用中的参数称为实际参数。

对带参数的宏，在调用中，不仅要宏展开，而且要用实参去代换形参。

带参宏定义的一般形式为

#define 宏名(形参表) 字符串

在字符串中含有各个形参。

带参宏调用的一般形式为

宏名（实参表）；

例如：

```
#define M(y)y*y+3*y      /*宏定义*/
  ...
k=M(5);                  /*宏调用*/
```

...

在宏调用时，用实参 5 去代替形参 y，经预处理宏展开后的语句为

```
K=5*5+3*5
```

【例 10-4】 带参宏定义，实现求两个数值中的最大值。

```
#define MAX(a,b)(a>b)?a:b
main(){
  int x,y,max;
  printf("input two numbers:");
  scanf("%d%d",&x,&y);
  max=MAX(x,y);
  printf("max=%d\n",max);
}
```

上例程序的第一行进行带参宏定义，用宏名 MAX 表示条件表达式（a>b）?a：b，形参 a、b 均出现在条件表达式中。程序第七行 max=MAX（x，y）为宏调用，实参 x、y 将代换形参 a、b。宏展开后该语句为 max=（x>y）?x：y；用于计算 x、y 中的大数。

对于带参的宏定义有以下问题需要说明。

（1）带参宏定义中，宏名和形参表之间不能有空格出现。例如，把

```
#define MAX(a,b)(a>b)?a:b
```

写为

```
#define MAX (a,b)(a>b)?a:b
```

将被认为是无参宏定义，宏名 MAX 代表字符串（a，b）（a>b）?a：b。宏展开时，宏调用语句

```
max=MAX(x,y);
```

将变为

```
max=(a,b)(a>b)?a:b(x,y);
```

这显然是错误的。

（2）在带参宏定义中，形式参数不分配内存单元，因此不必作类型定义。而宏调用中的实参有具体的值。要用它们去代换形参，因此必须作类型说明。这与函数中的情况不同。在函数中，形参和实参是两个不同的量，各有自己的作用域，调用时要把实参值赋予形参，进行"值传递"。而在带参宏中，只是符号代换，不存在值传递的问题。

（3）在宏定义中的形参是标识符，而宏调用中的实参可以是表达式。

【例 10-5】 带参宏定义，用宏名 SQ（y）表示条件表达式（y）*（y），求表达式的值。

```
#define SQ(y)(y)*(y)
main()
{
  int a,sq;
  printf("input a number:");
  scanf("%d",&a);
  sq=SQ(a+1);
  printf("sq=%d\n",sq);
```

}

上例中第一行为宏定义，形参为 y。程序第七行宏调用中实参为 a+1，是一个表达式，在宏展开时，用 a+1 代换 y，再用（y）*（y）代换 SQ，得到语句

    sq=(a+1)*(a+1);

这与函数的调用是不同的，函数调用时要把实参表达式的值求出来再赋予形参。而宏代换中对实参表达式不作计算直接地照原样代换。

（4）在宏定义中，字符串内的形参通常要用括号括起来以避免出错。在上例中的宏定义中（y）*（y）表达式的 y 都用括号括起来，因此结果是正确的。

【例 10-6】 带参宏定义，用宏名 SQ（y）表示条件表达式 y*y，求表达式的值，比较和［例 10-5］的区别。

```
#define SQ(y)y*y
main()
{
  int a,sq;
  printf("input a number:");
  scanf("%d",&a);
  sq=SQ(a+1);
  printf("sq=%d\n",sq);
}
```

运行结果为：

```
input a number:3
sq=7
```

同样输入 3，但结果却是不一样的。问题在哪里呢？这是由于代换只作符号代换而不作其他处理而造成的。宏代换后将得到以下语句：

    sq=a+1*a+1;

由于 a 为 3，故 sq 的值为 7。这显然与题意相违，因此参数两边的括号是不能少的。即使在参数两边加括号还是不够的，看下面程序。

【例 10-7】 带参宏定义，用宏名 SQ（y）表示条件表达式（y）*（y），求表达式的值，比较和［例 10-6］的区别。

```
#define SQ(y)(y)*(y)
main()
{
  int a,sq;
  printf("input a number:");
  scanf("%d",&a);
  sq=160/SQ(a+1);
  printf("sq=%d\n",sq);
}
```

本程序与前例相比，只把宏调用语句改为

    sq=160/SQ(a+1);

运行本程序如输入值仍为 3 时，希望结果为 10。但实际运行的结果如下：

```
input a number:3
sq=160
```

为什么会得这样的结果呢?分析宏调用语句,在宏代换之后变为

```
sq=160/(a+1)*(a+1);
```

a 为 3 时,由于"/"和"*"运算符优先级和结合性相同,则先作 160/(3+1)得 40,再作 40*(3+1)最后得 160。为了得到正确答案应在宏定义中的整个字符串外加括号,程序修改如下例。

【例 10-8】带参宏定义,用宏名 SQ(y)表示条件表达式(y)*(y),求表达式的值,比较和［例 10-7］的区别。

```
#define SQ(y)((y)*(y))
main()
{
  int a,sq;
  printf("input a number:    ");
  scanf("%d",&a);
  sq=160/SQ(a+1);
  printf("sq=%d\n",sq);
}
```

以上讨论说明,对于宏定义不仅应在参数两侧加括号,也应在整个字符串外加括号。

(5)带参的宏和带参函数很相似,但有本质上的不同,除上面已谈到的各点外,把同一表达式用函数处理与用宏处理两者的结果有可能是不同的。

【例 10-9】 定义函数 SQ(int y),求形参 y 的平方值。

```
main()
{
  int i=1;
  while(i<=5)
  printf("%d\n",SQ(i++));
}
SQ(int y)
{
  return((y)*(y));
}
```

【例 10-10】 定义宏定义 SQ(int y)表示条件表达式((y)*(y)),求表达式的值,比较和［例 10-9］的区别。

```
#define SQ(y)((y)*(y))
main()
{
  int i=1;
  while(i<=5)
  {
      printf("%d\n",SQ(i++));
  }
}
```

在［例10-9］中函数名为SQ，形参为Y，函数体表达式为（（y）*（y））。在［例10-10］中宏名为SQ，形参也为y，字符串表达式为（y）*（y））。［例10-9］的函数调用为SQ（i++），［例10-10］的宏调用为SQ（i++），实参也是相同的。从输出结果来看，却大不相同。

分析如下。在［例10-9］中，函数调用是把实参i值传给形参y后自增1。然后输出函数值。因而要循环5次，输出1～5的平方值。而在［例10-10］中宏调用时，只作代换。SQ（i++）被代换为（（i++）*（i++））。在第一次循环时，由于i等于1，其计算过程为：表达式中前一个i初值为1，然后i自增1变为2，因此表达式中第2个i初值为2，两相乘的结果也为2，然后i值再自增1，得3。在第二次循环时，i值已有初值为3，因此表达式中前一个i为3，后一个i为4，乘积为12，然后i再自增1变为5。进入第三次循环，由于i值已为5，所以这将是最后一次循环。计算表达式的值为5*6等于30。i值再自增1变为6，不再满足循环条件，停止循环。从以上分析可以看出函数调用和宏调用二者在形式上相似，在本质上是完全不同的。

（6）宏定义也可用来定义多个语句，在宏调用时，把这些语句又代换到源程序内。看下面的例子。

【例10-11】 定义宏SSSV（S1，S2，S3，V）表示 S1=l*w;S2=l*h;S3=w*h;v= w*l*h，输出各个变量的值。

```
#define SSSV(s1,s2,s3,v)s1=l*w;s2=l*h;s3=w*h;v=w*l*h;
main()
{
  int l=3,w=4,h=5,sa,sb,sc,vv;  SSSV(sa,sb,sc,vv);
  printf("sa=%d\nsb=%d\nsc=%d\nvv=%d\n",sa,sb,sc,vv);
}
```

程序第一行为宏定义，用宏名 SSSV 表示四个赋值语句，四个形参分别为四个赋值符左部的变量。在宏调用时，把四个语句展开并用实参代替形参，使计算结果送入实参之中。

10.2 文 件 包 含

文件包含是 C 预处理程序的另一个重要功能。文件包含命令行的一般形式为
    #include"文件名"
在前面我们已多次用此命令包含过库函数的头文件。例如：

```
#include"stdio.h"
#include"math.h"
```

文件包含命令的功能是把指定的文件插入该命令行位置取代该命令行，从而把指定的文件和当前的源程序文件连成一个源文件。

在程序设计中，文件包含是很有用的。一个大的程序可以分为多个模块，由多个程序员分别编程。有些公用的符号常量或宏定义等可单独组成一个文件，在其他文件的开头用包含命令包含该文件即可使用。这样，可避免在每个文件开头都去书写那些公用量，从而节省时间，并减少出错。

对文件包含命令还要说明以下几点。

（1）包含命令中的文件名可以用双引号括起来，也可以用尖括号括起来。如以下写法都是允许的。

```
#include"stdio.h"
#include<math.h>
```

但是这两种形式是有区别的：使用尖括号表示在包含文件目录中去查找（包含目录是由用户在设置环境时设置的），而不在源文件目录去查找；使用双引号则表示首先在当前的源文件目录中查找，若未找到才到包含目录中去查找。用户编程时可根据自己文件所在的目录来选择某一种命令形式。

（2）一个 include 命令只能指定一个被包含文件，若有多个文件要包含，则需用多个 include 命令。

（3）文件包含允许嵌套，即在一个被包含的文件中又可以包含另一个文件。

10.3　条　件　编　译

预处理程序提供了条件编译的功能。可以按不同的条件去编译不同的程序部分，因而产生不同的目标代码文件。这对于程序的移植和调试是很有用的。

条件编译有三种形式。

（1）第一种形式。

```
#ifdef　标识符
        程序段 1 #else
        程序段 2
#endif
```

它的功能是，如果标识符已被#define 命令定义过则对程序段 1 进行编译；否则则对程序段 2 进行编译。如果没有程序段 2（它为空），本格式中的#else 可以没有，即可以写为

```
#ifdef　标识符
程序段
    #endif
```

【例 10-12】　将条件编译预处理命令#ifdef　NUM、#else、#endif 插入到程序中，使得程序能根据 NUM 的值进行条件判断，执行不同的程序。

```
#define NUM ok
main()
{
  struct stu
  {
    I nt num;
     char *name;
     char sex;
     float score;
  }  *ps;
  ps=(struct stu*)malloc(sizeof(struct stu));
  ps->num=102;
  ps->name="Zhang ping";
```

```
        ps->sex='M';
        ps->score=62.5;
        #ifdef NUM
        printf("Number=%d\nScore=%f\n",ps->num,ps->score);
        #else
        printf("Name=%s\nSex=%c\n",ps->name,ps->sex);
        #endif
        free(ps);
    }
```

由于在程序的第 16 行插入了条件编译预处理命令，因此要根据 NUM 是否被定义过来决定编译哪一个 printf 语句。而在程序的第一行已对 NUM 作过宏定义，因此应对第一个 printf 语句作编译，故运行结果是输出了学号和成绩。

在程序的第一行宏定义中，定义 NUM 表示字符串 OK，其实也可以为任何字符串，甚至不给出任何字符串，写为#define NUM

也具有同样的意义。只有取消程序的第一行才会去编译第二个 printf 语句。读者可上机试作。

（2）第二种形式。

    #ifndef 标识符

程序段 1

#else

      程序段 2

    #endif

与第一种形式的区别是将"ifdef"改为"ifndef"。它的功能是，如果标识符未被#define 命令定义过则对程序段 1 进行编译，否则对程序段 2 进行编译。这与第一种形式的功能正相反。

（3）第三种形式。

    #if 常量表达式

程序段 1

    #else

      程序段 2

    #endif

它的功能是，如常量表达式的值为真（非 0），则对程序段 1 进行编译，否则对程序段 2 进行编译。因此可以使程序在不同条件下，完成不同的功能。

【例 10-13】 对宏代表的值进行预条件编译，使得程序能根据宏代表的值进行条件判断，执行不同的程序。

```
#define R 1
main()
{
    float c,r,s;
    printf("input a number: ");
    scanf("%f",&c);
    #if R
    r=3.14159*c*c;
```

```
    printf("area of round is:%f\n",r);
  #else
    s=c*c;
    printf("area of square is:%f\n",s);
  #endif
}
```

　　本例中采用了第三种形式的条件编译。在程序第一行宏定义中，定义 R 为 1，因此在条件编译时，常量表达式的值为真，故计算并输出圆面积。

　　上面介绍的条件编译当然也可以用条件语句来实现。但是用条件语句将会对整个源程序进行编译，生成的目标代码程序很长。而采用条件编译，则根据条件只编译其中的程序段 1 或程序段 2，生成的目标程序较短。如果条件选择的程序段很长，采用条件编译的方法是十分必要的。

10.4　编译预处理举例

【例 10-14】　宏定义并输出的简单示例。

```
#define MIN 100
Main()
{
 Printf ("MIN=%d", MIN);
}
```

【例 10-15】　带参宏定义的应用示例。

```
#define PI 3.14159
#define L(r)2*PI*r
main()
{
  float a,length;
  a=5.5;
  length=L(a);              /*宏展开为:2*3.14159*5.5*/
  printf("r=%.2f\nlength=%.2f\n",a,length);
}
```

【例 10-16】　设置条件编译，可以通过两种方法求圆的周长。

```
#define PI 3.14159
#define L(r)2*PI*r
main()
{
    float a,length;  a=5.5;
    #ifdef L
      length=L(a);
      printf("r=%.2f\nlength=%.2f\n",a,length);
    #else
      length=2*PI*a;
      printf("r=%.2f\nlength=%.2f\n",a,length);
    #endif
}
```

【例 10-17】 输入一个半径，根据需要设置条件编译，使之能求出圆的周长，或者是圆的面积。

```
#define PI 3.14159
#define L(r)2*PI*r
#define S(r)PI*r*r
#define NEED 1
main()
{
  float a,length,area; int i; scanf("%f",&a);
  #if NEED                        /*条件编译*/
    length=L(a);
    printf("r=%.2f\nlength=%.2f\n",a,length);
  #else
    area=S(a);
    printf("r=%.2f\narea=%.2f\n",a,area);
  #endif
}
```

10.5　上　机　实　训

10.5.1　实训目的
（1）掌握宏定义的概念。
（2）掌握宏定义在程序中的应用。

10.5.2　实训内容
程序填空，并上机实现。
（1）以下程序的输出结果是＿＿＿＿＿＿。

```
#define  MAX(x,y) (x)>(y)?(x):(y)
main()
{
   int  a=5,b=2,c=3,d=3,t;
   t=MAX(a+b,c+d)*10;
   printf("%d\n",t);
}
```

（2）下面程序的运行结果是＿＿＿＿＿＿。

```
#define  N 10
#define  s(x) x*x
#define  f(x)(x*x)
main()
{
   int i1,i2;
   i1=1000/s(N);
   i2=1000/f(N);
   printf("%d,%d\n",i1,i2);
}
```

（3）设有如下宏定义

```
#define  MYSWAP(z,x,y)  {z=x;x=y;y=z;}
```

以下程序段通过宏调用实现变量 a、b 内容交换，请填空。

```
float  a=5,b=16,c;
MYSWAP(_____,a,b);
```

（4）计算圆的周长、面积和球的体积。

```
_____
main()
{
    float l,r,s,v;
    printf("input a radus:");
    scanf("%f ",_____);
    l=2.0*PI*r;
    s=PI*r*r;
    v=4.0/3*(_____);
    printf("l=%.4f\n s=%.4f\n v=%.4f\n",l,s,v);
}
```

（5）计算圆的周长、面积和球的体积。

```
#define PI 3.1415926
#define_____L=2*PI*R;_____;
main()
{ float r,l,s,v;
    printf("input a radus:");
    scanf("%f",&r);
    CIRCLE(r,l,s,v);
    printf("r=%.2f\n l=%.2f\n s=%.2f\n v=%.2f\n",_____);
}
```

10.6 习   题

1. 选择题

（1）下面叙述中正确的是（   ）。

    A. 带参数的宏定义中参数是没有类型的

    B. 宏展开将占用程序的运行时间

    C. 宏定义命令是 C 语言中的一种特殊语句

    D. 使用#include 命令包含的头文件必须以 ".h" 为后缀

（2）下面叙述中正确的是（   ）。

    A. 宏定义是 C 语句，所以要在行末加分号

    B. 可以使用#undef 命令来终止宏定义的作用域

    C. 在进行宏定义时，宏定义不能层层嵌套

    D. 对程序中用双引号括起来的字符串内的字符，与宏名相同的要进行置换

（3）在 "文件包含" 预处理语句中，当#include 后面的文件名用双引号括起时，寻找被包含文件的方式为（   ）。

　　　　A. 直接按系统设定的标准方式搜索目录

　　　　B. 先在源程序所在目录搜索，若找不到，再按系统设定的标准方式搜索

　　　　C. 仅仅搜索源程序所在目录

　　　　D. 仅仅搜索当前目录

（4）下面叙述中不正确的是（　　　）。

　　　　A. 函数调用时，先求出实参表达式，然后带入形参。而使用带参的宏只是进行简
　　　　　　单的字符替换

　　　　B. 函数调用是在程序运行时处理的，分配临时的内存单元。而宏展开则是在编译
　　　　　　时进行的，在展开时也要分配内存单元，进行值传递

　　　　C. 对于函数中的实参和形参都要定义类型，二者的类型要求一致，而宏不存在类
　　　　　　型问题，宏没有类型

　　　　D. 调用函数只可得到一个返回值，而用宏可以设法得到几个结果

（5）下面叙述中不正确的是（　　　）。

　　　　A. 使用宏的次数较多时，宏展开后源程序长度增长。而函数调用不会使源程序变长

　　　　B. 函数调用是在程序运行时处理的，分配临时的内存单元。而宏展开则是在编译
　　　　　　时进行的，在展开时不分配内存单元，不进行值传递

　　　　C. 宏替换占用编译时间

　　　　D. 函数调用占用编译时间

（6）以下程序执行的输出结果是（　　　）。

```
#define MIN(x,y)  (x)<(y)?(x):(y)
main()
{
  int i,j,k;
  i=10;j=15;
  k=10*MIN(i,j);
  printf("%d\n",k);
}
```

　　　　A. 15　　　　　　　　B. 100　　　　　　　　C. 10　　　　　　　　D. 150

（7）下列程序执行后的输出结果是（　　　）。

```
#define MA(x)x*(x-1)
main()
{
  int a=1,b=2;
  printf("%d \n",MA(1+a+b));
}
```

　　　　A. 6　　　　　　　　B. 8　　　　　　　　C. 10　　　　　　　　D. 12

（8）以下程序的输出结果是（　　　）。

```
#define  M(x,y,z)  x*y+z
main()
{
  int  a=1,b=2,c=3;
  printf("%d\n",M(a+b,b+c,c+a));
```

```
}
```

    A. 19   B. 17   C. 15   D. 12

（9）程序中头文件 type1.h 的内容是（　　　）。

```
#define  N  5
#define  M1  N*3
```

程序如下：

```
#include  "type1.h"
#define  M2  N*2
main()
{
   int i;
   i=M1+M2;
   printf("%d\n",i);
}
```

程序编译后运行的输出结果是（　　　）。

    A. 10   B. 20   C. 25   D. 30

（10）请读程序：

```
#include<stdio.h>
#define SUB(X,Y)(X)*Y
main()
{
   int a=3,b=4;
   printf("%d",SUB(a++,b++));
}
```

上面程序的输出结果是（　　　）。

    A. 12   B. 15   C. 16   D. 20

第11章 C文件概述

前面章节定义的变量都是存储在内存中的,当关机后数据就会消失,如果要长期存储数据就要将数据存储到文件中。

本章主要内容包括:

- 文件指针
- 文件的打开与关闭
- 文件的读/写
- 文件的随机读/写

【案例】 当你想做一个软件,只想让大家免费使用5次,以后就需要购买才可以使用,怎么办呢?

案例分析 可以定义一个文件用来记录使用次数,文件中初始写入值设置为5,软件使用时每次读取这个文件,将文件中的数值减1,到了0次以后就不允许使用本软件了。为了简单起见,此程序运行模拟具体软件的内容为显示一个字符串"please use",可以根据实际需要将这个输出语句替换为具体的任务。

案例实现

```c
#include <stdio.h>
main()
{
  FILE *fReader;
  FILE *fWrite;
  int FileNumber=5;
  int num;
  if((fReader=fopen("data1.dat","rt"))==NULL)
  {
      fWrite=fopen("data1.dat","w");
      fprintf(fWrite,"%d\n",FileNumber);
      printf("first times\n");
      fclose(fWrite);
  }
  else
  {
      fscanf(fReader,"%d",&num);
      num--;
      fWrite=fopen("data1.dat","w");
      fprintf(fWrite,"%d\n",num);
      fclose(fWrite);
      if(num>0)
```

```
    {
      printf("there are %d times\n",num);
      printf("please use \n");
    }
    else
    {
      printf("please buy the software\n");
    }
  }
  getch();
  fclose(fReader);
}
```

运行多次的结果：

```
first times
there are 4 times
please use
there are 3 times
please use
there are 2 times
please use
there are 1 times
please use
please buy the software
please buy the software
please buy the software
please buy the software
please buy the software
```

11.1　文 件 的 基 本 概 念

所谓"文件"是指一组相关数据的有序集合。这个数据集有一个名称，叫文件名。实际上在前面的各章中我们已经多次使用了文件，如源程序文件、目标文件、可执行文件、库文件等。

文件通常是驻留在外部介质（如磁盘等）上的，在使用时才调入内存中。从不同的角度可对文件作不同的分类。从用户的角度看，文件可分为普通文件和设备文件两种。

普通文件是指驻留在磁盘或其他外部介质上的一个有序数据集，可以是源文件、目标文件、可执行程序；也可以是一组待输入处理的原始数据，或者是一组输出的结果。对于源文件、目标文件、可执行程序可以称作程序文件，对输入/输出数据可称作数据文件。

设备文件是指与主机相连的各种外部设备，如显示器、打印机、键盘等。在操作系统中，把外部设备也看作是一个文件来进行管理，把它们的输入、输出等同于对磁盘文件的读和写。通常把显示器定义为标准输出文件，一般情况下在屏幕上显示有关信息就是向标准输出文件输出。如前面经常使用的 printf、putchar 函数就是这类输出。

键盘通常被指定标准的输入文件，从键盘上输入就意味着从标准输入文件上输入数据。scanf、getchar 函数就属于这类输入。

　　从文件编码的方式来看，文件可分为 ASCII 码文件和二进制码文件两种。ASCII 文件称为文本文件，这种文件在磁盘中存放时每个字符对应一个字节，用于存放对应的 ASCII 码。

　　例如，数 5678 的存储形式为

ASCII 码：　　　00110101　　00110110　　00110111　　00111000

　　　　　　　　　　↓　　　　　↓　　　　　↓　　　　　↓

十进制码：　　　　　5　　　　　6　　　　　7　　　　　8

　　共占用 4 字节。

　　ASCII 码文件可在屏幕上按字符显示，如源程序文件就是 ASCII 文件，用 DOS 命令 TYPE 可显示文件的内容。由于是按字符显示，因此能读懂文件内容。

　　二进制文件是按二进制的编码方式来存放文件的。例如，数 5678 的存储形式为

　　　00010110　　00101110

只占两字节。二进制文件虽然也可在屏幕上显示，但其内容无法读懂。C 语言系统在处理这些文件时，并不区分类型，都看成是字符流，按字节进行处理。

　　输入/输出字符流的开始和结束只由程序控制而不受物理符号（如回车符）的控制。 因此也把这种文件称作"流式文件"。

　　本章讨论流式文件的打开、关闭、读、写、定位等各种操作。

11.2　文　件　指　针

　　在 C 语言中用一个指针变量指向一个文件，这个指针称为文件指针。通过文件指针就可对它所指的文件进行各种操作。定义说明文件指针的一般形式为

　　　FILE *指针变量标识符；

其中，FILE 应为大写，它实际上是由系统定义的一个结构，该结构中含有文件名、文件状态和文件当前位置等信息。在编写源程序时不必关心 FILE 结构的细节。例如，FILE *fp；表示 fp 是指向 FILE 结构的指针变量，通过 fp 即可找存放某个文件信息的结构变量，然后按结构变量提供的信息找到该文件，实施对文件的操作。习惯上也笼统地把 fp 称为指向一个文件的指针。

11.3　文　件　的　打　开　与　关　闭

　　文件在进行读、写操作之前要先打开，使用完毕要关闭。所谓打开文件，实际上是建立文件的各种有关信息，并使文件指针指向该文件，以便进行其他操作。关闭文件则断开指针与文件之间的联系，也就禁止再对该文件进行操作。

　　在 C 语言中，文件操作都是由库函数来完成的。

11.3.1　文件的打开

fopen 函数用来打开一个文件，其调用的一般形式为

文件指针名=fopen（文件名，使用文件方式）；

其中，

"文件指针名"必须是被说明为 FILE 类型的指针变量。

"文件名"是被打开文件的文件名。

"使用文件方式"是指文件的类型和操作要求。

"文件名"是字符串常量或字符串数组。

例如：

```
FILE *fp;
fp=("file a","r");
```

其意义是在当前目录下打开文件 file a，只允许进行"读"操作，并使 fp 指向该文件。

例如：

```
FILE *fphzk
fphzk=("c:\\hzk16","rb")
```

其意义是打开 C 驱动器磁盘的根目录下的文件 hzk16，这是一个二进制文件，只允许按二进制方式进行读操作。两个反斜线"\\"中的第一个表示转义字符，第二个表示根目录。

使用文件的方式共有 12 种，下面给出了它们的符号和意义。

文件使用方式	意　义
"rt"	只读打开一个文本文件，只允许读数据
"wt"	只写打开或建立一个文本文件，只允许写数据
"at"	追加打开一个文本文件，并在文件末尾写数据
"rb"	只读打开一个二进制文件，只允许读数据
"wb"	只写打开或建立一个二进制文件，只允许写数据
"ab"	追加打开一个二进制文件，并在文件末尾写数据
"rt+"	读写打开一个文本文件，允许读和写
"wt+"	读写打开或建立一个文本文件，允许读写
"at+"	读写打开一个文本文件，允许读，或在文件末追加数据
"rb+"	读写打开一个二进制文件，允许读和写
"wb+"	读写打开或建立一个二进制文件，允许读和写
"ab+"	读写打开一个二进制文件，允许读，或在文件末追加数据

对于文件使用方式有以下几点说明。

（1）文件使用方式由 r、w、a、t、b，+六个字符拼成，各字符的含义如下。

```
r(read):      读
w(write):     写
a(append):    追加
t(text):      文本文件,可省略不写
b(banary):    二进制文件
   +:         读和写
```

（2）凡用"r"打开一个文件时，该文件必须已经存在，且只能从该文件读出。

（3）用"w"打开的文件只能向该文件写入。若打开的文件不存在，则以指定的文件名建立该文件，若打开的文件已经存在，则将该文件删去，重建一个新文件。

（4）若要向一个已存在的文件追加新的信息，只能用"a"方式打开文件。但此时该文件必须是存在的，否则将会出错。

（5）在打开一个文件时，如果出错，fopen 将返回一个空指针值 NULL。在程序中可以用这一信息来判别是否完成打开文件的工作，并作相应的处理。因此常用以下程序段打开文件：

```
if((fp=fopen("c:\\yang.txt","rb")==NULL)
{
printf("\nerror on open c:\\yang file!");
getch();
exit(1);
}
```

这段程序的意义是，如果返回的指针为空，表示不能打开 C 盘根目录下的 yang 文件，则给出提示信息"error on open c：\ yang file!"，下一行 getch()的功能是从键盘输入一个字符，但不在屏幕上显示。在这里，该行的作用是等待，只有当用户从键盘敲任一键时，程序才继续执行，因此用户可利用这个等待时间阅读出错提示。敲键后执行 exit（1）退出程序。

（6）把一个文本文件读入内存时，要将 ASCII 码转换成二进制码，而把文件以文本方式写入磁盘时，也要把二进制码转换成 ASCII 码，因此文本文件的读/写要花费较多的转换时间。对二进制文件的读/写不存在这种转换。

（7）标准输入文件（键盘），标准输出文件（显示器），标准出错输出（出错信息）是由系统打开的，可直接使用。

11.3.2　文件关闭函数

文件一旦使用完毕，应用关闭文件函数（fclose 函数）把文件关闭，以避免文件的数据丢失等错误。

fclose 函数调用的一般形式为

fclose（文件指针）；

例如，fclose（fp）；正常完成关闭文件操作时，fclose 函数返回值为 0。如返回非零值则表示有错误发生。

11.4　文 件 的 读 / 写

对文件的读和写是最常用的文件操作。在 C 语言中提供了多种文件读/写的函数：

字符读/写函数：fgetc 和 fputc。

字符串读/写函数：fgets 和 fputs。

数据块读/写函数：freed 和 fwrite。

格式化读/写函数：fscanf 和 fprinf。

使用以上函数都要求包含头文件 stdio.h。

11.4.1　字符读/写函数 fgetc 和 fputc

字符读/写函数是以字符（字节）为单位的读/写函数。每次可从文件读出或向文件写入一个字符。

1. 读字符函数 fgetc

fgetc 函数的功能是从指定的文件中读一个字符，函数调用的形式为

字符变量=fgetc（文件指针）；

例如：

```
Ch=fgetc(fp);
```

其意义是从打开的文件 fp 中读取一个字符并送入 ch 中。

对于 fgetc 函数的使用有以下几点说明。

（1）在 fgetc 函数调用中，读取的文件必须是以读或读/写方式打开的。

（2）读取字符的结果也可以不向字符变量赋值，

例如：

```
fgetc(fp);
```

但是读出的字符不能保存。

（3）在文件内部有一个位置指针，用来指向文件的当前读/写字节。在文件打开时，该指针总是指向文件的第一个字节。使用 fgetc 函数后，该位置指针将向后移动一个字节。因此可连续多次使用 fgetc 函数，读取多个字符。应注意文件指针和文件内部的位置指针不是一回事。文件指针是指向整个文件的，须在程序中定义说明，只要不重新赋值，文件指针的值是不变的。文件内部的位置指针用以指示文件内部的当前读/写位置，每读/写一次，该指针均向后移动，它不需在程序中定义说明，而是由系统自动设置的。

【例 11-1】　读入文件 yang.txt，在屏幕上输出。

```
#include<stdio.h>
main()
{
  FILE *fp;
  char ch;
  if((fp=fopen("d:\\yang.txt","rt"))==NULL)
  {
    printf("\nCannot open file strike any key exit!");
    getch();
    exit(1);
  }
  ch=fgetc(fp);
  while(ch!=EOF)
  {
    putchar(ch);
    ch=fgetc(fp);
  }
  fclose(fp);
}
```

本例程序的功能是从文件中逐个读取字符，在屏幕上显示。程序定义了文件指针 fp，以读文本文件方式打开文件 "d：\\yang.txt"，并使 fp 指向该文件。如打开文件出错，给出提示并退出程序。程序第 12 行先读出一个字符，然后进入循环，只要读出的字符不是文件结束标志（每个文件末有一结束标志 EOF）就把该字符显示在屏幕上，再读入下一字符。每读

一次，文件内部的位置指针向后移动一个字符，文件结束时，该指针指向 EOF。执行本程序将显示整个文件。

2. 写字符函数 fputc

fputc 函数的功能是把一个字符写入指定的文件中，函数调用的形式为

　　　fputc（字符量，文件指针）；

其中，待写入的字符量可以是字符常量或变量，例如：

```
fputc('a',fp);
```

其意义是把字符 a 写入 fp 所指向的文件中。

对于 fputc 函数的使用也要说明几点。

（1）被写入的文件可以用写、读/写、追加方式打开，用写或读/写方式打开一个已存在的文件时将清除原有的文件内容，写入字符从文件首开始。如需保留原有文件内容，希望写入的字符以文件末开始存放，必须以追加方式打开文件。被写入的文件若不存在，则创建该文件。

（2）一个字符，文件内部位置指针向后移动一个字节。

（3）putc 函数有一个返回值，如写入成功则返回写入的字符，否则返回一个 EOF。可用此来判断写入是否成功。

【例 11-2】从键盘输入一行字符，写入一个文件，再把该文件内容读出显示在屏幕上。

```
#include<stdio.h>
main()
{
  FILE *fp;
  char ch;
  if((fp=fopen("d:\\yang","wt+"))==NULL)
  {
    printf("Cannot open file strike any key exit!");    getch();
    exit(1);
  }
  printf("input a string:\n");
  ch=getchar();
  while(ch!='\n')
  {
    fputc(ch,fp);
    ch=getchar();
  }
  rewind(fp);
  ch=fgetc(fp);
  while(ch!=EOF)
  {
    putchar(ch);
    ch=fgetc(fp);
  }
  printf("\n");
  fclose(fp);
}
```

　　程序中第 6 行以读/写文本文件方式打开文件 string。程序第 13 行从键盘读入一个字符后进入循环，当读入字符不为回车符时，则把该字符写入文件之中，然后继续从键盘读入下一字符。每输入一个字符，文件内部位置指针向后移动一个字节。写入完毕，该指针已指向文件末。如要把文件从头读出，须把指针移向文件头，程序第 19 行 rewind 函数用于把 fp 所指文件的内部位置指针移到文件头。第 20 至 25 行用于读出文件中的一行内容。

　　【例 11-3】　把命令行参数中的前一个文件名标识的文件，复制到后一个文件名标识的文件中，如命令行中只有一个文件名则把该文件写到标准输出文件（显示器）中。

```
#include<stdio.h>
main(int argc,char *argv[])
{
 FILE *fp1,*fp2;
 char ch;
 if(argc==1)
 {
  printf("have not enter file name strike any key exit");
  getch();
  exit(0);
 }
 if((fp1=fopen(argv[1],"rt"))==NULL)
 {
   printf("Cannot open %s\n",argv[1]);
   getch();
   exit(1);
 }
 if(argc==2)
 {
     fp2=stdout;
 }
 else if((fp2=fopen(argv[2],"wt+"))==NULL)
 {
   printf("Cannot open %s\n",argv[1]);
   getch();
   exit(1);
 }
 while((ch=fgetc(fp1))!=EOF)
 {
     fputc(ch,fp2);
 }
 fclose(fp1);
 fclose(fp2);
}
```

　　本程序为带参的 main 函数。程序中定义了两个文件指针 fp1 和 fp2，分别指向命令行参数中给出的文件。如命令行参数中没有给出文件名，则给出提示信息。程序第 18 行表示如果只给出一个文件名，则使 fp2 指向标准输出文件（即显示器）。程序第 25 行至 28 行用循环语句逐个读出文件 1 中的字符再送到文件 2 中。再次运行时，给出了一个文件名，故输出给标准输出文件 stdout，即在显示器上显示文件内容。第三次运行，给出了两个文件名，因此把

string 中的内容读出，写入到 OK 之中。可用 DOS 命令 type 显示 OK 的内容。

11.4.2　字符串读/写函数 fgets 和 fputs

1. 读字符串函数 fgets

函数的功能是从指定的文件中读一个字符串到字符数组中，函数调用的形式为

　　　fgets（字符数组名，n，文件指针）；

其中的 n 是一个正整数。表示从文件中读出的字符串不超过 n-1 个字符。在读入的最后一个字符后加上串结束标志'\0'。

例如：

```
fgets(str,n,fp);
```

它的意义是从 fp 所指的文件中读出 n-1 个字符送入字符数组 str 中。

【例 11-4】　从 string 文件中读入一个含 10 个字符的字符串。

```
#include<stdio.h>
main()
{
  FILE *fp;
  char str[11];
  if((fp=fopen("d:\\jrzh\\example\\string","rt"))==NULL)
  {
    printf("\nCannot open file strike any key exit!");
    getch();
    exit(1);
  }
  fgets(str,11,fp);
  printf("\n%s\n",str);
  fclose(fp);
}
```

本例定义了一个字符数组 str 共 11 字节，在以读文本文件方式打开文件 string 后，从中读出 10 个字符送入 str 数组，在数组最后一个单元内将加上'\0'，然后在屏幕上显示输出 str 数组。输出的 10 个字符正是［例 13-1］程序的前 10 个字符。

对 fgets 函数有两点说明。

（1）在读出 n-1 个字符之前，如遇到了换行符或 EOF，则读出结束。

（2）fgets 函数也有返回值，其返回值是字符数组的首地址。

2. 写字符串函数 fputs

fputs 函数的功能是向指定的文件写入一个字符串，其调用形式为

　　　fputs（字符串，文件指针）；

其中字符串可以是字符串常量，也可以是字符数组名，或指针变量，例如：

```
fputs("abcd",fp);
```

其意义是把字符串 "abcd" 写入 fp 所指的文件之中。

【例 11-5】　在［例 11-2］中建立的文件 string 中追加一个字符串。

```
#include<stdio.h>
```

```
main()
{
  FILE *fp;
  char ch,st[20];
  if((fp=fopen("string","at+"))==NULL)
  {
    printf("Cannot open file strike any key exit!");
    getch();
    exit(1);
  }
  printf("input a string:\n");
  scanf("%s",st);
  fputs(st,fp);
  rewind(fp);
  ch=fgetc(fp);
  while(ch!=EOF)
  {
    putchar(ch);
    ch=fgetc(fp);
  }
  printf("\n");
  fclose(fp);
}
```

本例要求在 string 文件末加写字符串，因此，在程序第 6 行以追加读/写文本文件的方式打开文件 string。然后输入字符串，并用 fputs 函数把该串写入文件 string。在程序 15 行用 rewind 函数把文件内部位置指针移到文件首。再进入循环逐个显示当前文件中的全部内容。

11.4.3　数据块读/写函数 fread 和 fwrite

C 语言还提供了用于整块数据的读/写函数。可用来读/写一组数据，如一个数组元素，一个结构变量的值等。

读数据块函数调用的一般形式为

fread（buffer，size，count，fp）；

写数据块函数调用的一般形式为

fwrite（buffer，size，count，fp）；

其中：

buffer　是一个指针，在 fread 函数中，它表示存放输入数据的首地址。在 fwrite 函数中，它表示存放输出数据的首地址。

size　表示数据块的字节数。

count　表示要读/写的数据块块数。

fp　　表示文件指针。

例如：

fread(fa,4,5,fp);

其意义是从 fp 所指的文件中，每次读 4 字节（一个实数）送入实数组 fa 中，连续读 5 次，即读 5 个实数到 fa 中。

【例 11-6】 从键盘输入两个学生数据，写入一个文件中，再读出这两个学生的数据显示在屏幕上。

```c
#include<stdio.h>
struct stu
{
  char name[10];
  int num;
  int age;
  char addr[15];
}boya[2],boyb[2],*pp,*qq;
main()
{
  FILE *fp;
  char ch;
  int i;
  pp=boya;
  qq=boyb;
  if((fp=fopen("d:\\jrzh\\example\\stu_list","wb+"))==NULL)
  {
    printf("Cannot open file strike any key exit!");
    getch();
    exit(1);
  }
  printf("\ninput data\n");
  for(i=0;i<2;i++,pp++)
  {
    scanf("%s%d%d%s",pp->name,&pp->num,&pp->age,pp->addr);
  }
  pp=boya;
  fwrite(pp,sizeof(struct stu),2,fp);
  rewind(fp);
  fread(qq,sizeof(struct stu),2,fp);
  printf("\n\nname\tnumber     age      addr\n");
for(i=0;i<2;i++,qq++)
{
    printf("%s\t%5d%7d    %s\n",qq->name,qq->num,qq->age,qq->addr);
}
  fclose(fp);
}
```

本例程序定义了一个结构 stu，说明了两个结构数组 boya 和 boyb 及两个结构指针变量 pp 和 qq。pp 指向 boya，qq 指向 boyb。程序第 16 行以读/写方式打开二进制文件"stu_list"，输入两个学生数据之后，写入该文件中，然后把文件内部位置指针移到文件首，读出两块学生数据后，在屏幕上显示。

11.5　文件的随机读/写

前面介绍的对文件的读/写方式都是顺序读/写，即读/写文件只能从头开始，顺序读/写各个数据。但在实际问题中常要求只读/写文件中某一指定的部分。为了解决这个问题可移动文件内部的位置指针到需要读/写的位置，再进行读/写，这种读/写称为随机读/写。实现随机读/写的关键是要按要求移动位置指针，这称为文件的定位。

11.5.1　文件定位

移动文件内部位置指针的函数主要有两个，即 rewind 函数和 fseek 函数。

rewind 函数前面已多次使用过，其调用形式为

rewind（文件指针）；

它的功能是把文件内部的位置指针移到文件首。

下面主要介绍 fseek 函数。fseek 函数用来移动文件内部位置指针，其调用形式为

fseek（文件指针，位移量，起始点）；

其中：

"文件指针"指向被移动的文件。

"位移量"表示移动的字节数，要求位移量是 long 型数据，以便在文件长度大于 64KB 时不会出错。当用常量表示位移量时，要求加后缀"L"。

"起始点"表示从何处开始计算位移量，规定的起始点有三种——文件首，当前位置和文件尾。

其表示方法如表 11-1 所示。

表 11-1　　　　　　　　　　　　起 始 点 表 示 方 法

起始点	表示符号	数字表示
文件首	SEEK_SET	0
当前位置	SEEK_CUR	1
文件末尾	SEEK_END	2

例如：

```
fseek(fp,100L,0);
```

其意义是把位置指针移到离文件首 100 字节处。

还要说明的是 fseek 函数一般用于二进制文件。在文本文件中由于要进行转换，故往往计算的位置会出现错误。

11.5.2　文件的随机读/写

在移动位置指针之后，即可用前面介绍的任一种读/写函数进行读/写。由于一般是读/写一个数据据块，因此常用 fread 和 fwrite 函数。

下面用例题来说明文件的随机读/写。

【例 11-7】　在学生文件 stu_list 中读出第二个学生的数据。

```c
#include<stdio.h>
struct stu
{
  char name[10];
  int num;
  int age;
```

```
    char addr[15];
 }boy,*qq;
 main()
 {
   FILE *fp;
   char ch;  int i=1;
   qq=&boy;
   if((fp=fopen("stu_list","rb"))==NULL)
   {
     printf("Cannot open file strike any key exit!");
     getch();
     exit(1);
   }
   rewind(fp);
   fseek(fp,i*sizeof(struct stu),0);
   fread(qq,sizeof(struct stu),1,fp);
   printf("\n\nname\tnumber     age       addr\n");
   printf("%s\t%5d  %7d      %s\n",qq->name,qq->num,qq->age,qq->addr);
 }
```

　　文件 stu_list 已由 [例 11-6] 的程序建立，本程序用随机读出的方法读出第二个学生的数据。程序中定义 boy 为 stu 类型变量，qq 为指向 boy 的指针。以读二进制文件方式打开文件，程序第 22 行移动文件位置指针。其中的 i 值为 1，表示从文件头开始，移动一个 stu 类型的长度，然后再读出的数据即为第二个学生的数据。

11.6　文　件　举　例

【例 11-8】　读入文件 lm.txt，并将内容在屏幕上输出。

```
#include <stdio.h>
void main()
{
  FILE *fp;                              /*定义文件指针*/
  char ch;
  if((fp=fopen("e:\\lm.txt","rt"))==NULL)   /*若打开文件出错,则退出程序*/
  {
    printf("Cannot open file!\n");
    exit(0);
  }
  ch=fgetc(fp);                          /*读入一个字符赋给 ch 变量*/
  while(ch!=EOF)                         /*字符不是文件结束标志就把其显示
                                            在屏幕上,再读入下一字符*/
  {
    putchar(ch);
    ch=fgetc(fp);
  }
  fclose(fp);                            /*关闭文件*/
}
```

【例 11-9】　从键盘输入一行字符，写入一个文件，再把写入该文件的内容读出显示在屏幕上。

```
#include <stdio.h>
void main()
{
  FILE *fp;
  char ch;
  if((fp=fopen("e:\\lm","w+"))==NULL)        /*以读写文本文件方式打开文件 lm*/
  {
    printf("Cannot open file!");
    exit(0);
  }
  printf("input a string:\n");
  ch=getchar();                              /*从键盘读入一个字符给变量 ch*/
  while(ch!='\n')                            /*把从键盘读入的字符写到磁盘文件中去*/
  {
    fputc(ch,fp);
    ch=getchar();
  }
  rewind(fp);                                /*把 fp 所指文件的内部位置指针移到文件头*/
  ch=fgetc(fp);                              /*从文件中读入一个字符给变量 ch*/
  while(ch!=EOF)                             /*循环输出读入的内容*/
  {
    putchar(ch);
    ch=fgetc(fp);
  }
  printf("\n");
  fclose(fp);                                /*关闭文件*/
}
```

【例 11-10】　在打开的文件中追加字符串"computer"。

```
#include <stdio.h>
void main()
{
  FILE *fp;
  char ch,string[20];
  if((fp=fopen("e:\lm.txt","a+"))==NULL)     /*以追加读写文本文件的方式打开文件*/
  {
    printf("Cannot open file!\n");
    exit(0);
  }
  printf("input a string:");
  scanf("%s",string);                        /*输入字符串*/
  fputs(string,fp);                          /*将字符串写入 fp 所指的文件中*/
  rewind(fp);                                /*把文件内部位置指针移到文件首*/
  ch=fgetc(fp);
  while(ch!=EOF)                             /*循环输出当前文件中的全部内容*/
  {
    putchar(ch);
    ch=fgetc(fp);
  }
```

```
    printf("\n");
    fclose(fp);
}
```

11.7　上　机　实　训

11.7.1　实训目的

（1）掌握在 C 语言中创建一个文件的方法。

（2）掌握打开文件和关闭文件的方法。

（3）掌握文件的读写。

（4）掌握文件的定位。

11.7.2　实训内容

（1）建立一个磁盘文件 fsin，其内容是 0°～90°之间每隔 5°的正弦值。

程序如下。

```
#include<stdio.h>
#include<math.h>
#define PI 3.14159
main()
    {
    FILE  *fp;
    float S[19];
    int i,a;
    if((fp=fopen("fsin","wb"))==NULL)
    {
        printf("Cannot open file.\n");
        exit(0);
    }
    for(i=0,a=-5;i<19;i++)
    {
        a+=5;
        S[i]=sin(a*PI/180.0);
        if(fwrite(S,sizeof(S),1,fp) != 1)
        printf("File error.");
        fclose(fp);
    }
}
```

（2）编写程序，功能如下：

有 5 个学生有三门课的成绩，从键盘输入以上数据（包括学号、姓名、三门课的成绩），计算出平均成绩，将原有数据和计算出的平均分数存放在磁盘文件"stud.dat"中。

（3）编写程序，功能如下：

从键盘输入若干行字母，（每行长度不等）输入后把它们存储到一磁盘文件 text.txt 中，再从该文件读入这些数据，将其中小写字母转换成大写字母后在显示屏上输出。

（4）编写程序，功能如下：

利用 fwrite 与 fread 函数建立一个存放学生电话簿的二进制数据文件，并读取其中的数据。

编程提示：电话簿为结构体类型，其中包含姓名、电话号码。先建立该文件，文件名由用户从键盘输入，读进字符数组 filename 中。

11.8 习 题

1．选择题

（1）关于文件理解不正确的为（　　）。

    A．C 语言把文件看作是字节的序列，即由一个个字节的数据顺序组成

    B．所谓文件一般指存储在外部介质上数据的集合

    C．系统自动地在内存区为每一个正在使用的文件开辟一个缓冲区

    D．每个打开文件都和文件结构体变量相关联，程序通过该变量中访问该文件

（2）关于二进制文件和文本文件描述正确的为（　　）。

    A．文本文件把每一个字节放成一个 ASCII 代码的形式，只能存放字符或字符串数据

    B．二进制文件把内存中的数据按其在内存中的存储形式原样输出到磁盘上存放

    C．二进制文件可以节省外存空间和转换时间，不能存放字符形式的数据

    D．一般中间结果数据需要暂时保存在外存上，以后又需要输入内存的，常用文本文件保存

（3）系统的标准输入文件操作的数据流向为（　　）。

    A．从键盘到内存　　　　　　　　B．从显示器到磁盘文件

    C．从硬盘到内存　　　　　　　　D．从内存到 U 盘

（4）利用 fopen（fname，mode）函数实现的操作不正确的为（　　）。

    A．正常返回被打开文件的文件指针，若执行 fopen 函数时发生错误则函数的返回 NULL

    B．若找不到由 pname 指定的相应文件，则按指定的名字建立一个新文件

    C．若找不到由 pname 指定的相应文件，且 mode 规定按读方式打开文件则产生错误

    D．为 pname 指定的相应文件开辟一个缓冲区，调用操作系统提供的打开或建立新文件功能

（5）若要用 fopen 函数打开一个新的二进制文件，该文件要既能读也能写，则文件方式字符串应是（　　）。

    A．"ab+"　　　　　B．"wb+"　　　　　C．"rb+"　　　　　D．"ab"

（6）fscanf 函数的正确调用形式是（　　）。

    A．fscanf（fp，格式字符串，输出表列）

    B．fscanf（格式字符串，输出表列，fp）；

    C．fscanf（格式字符串，文件指针，输出表列）；

    D．fscanf（文件指针，格式字符串，输入表列）；

（7）fgetc 函数的作用是从指定文件读入一个字符，该文件的打开方式必须是（　　）。

    A．只写　　　　　　　　　　　　B．追加

　　C. 读或读写　　　　　　　　　　　　　　D. 答案 b 和 c 都正确

（8）利用 fwrite（buffer，sizeof（Student），3，fp）函数描述不正确的（　　）。

　　A. 将三个学生的数据块按二进制形式写入文件

　　B. 将由 buffer 指定的数据缓冲区内的 3* sizeof（Student）个字节的数据写入指定文件

　　C. 返回实际输出数据块的个数，若返回 0 值表示输出结束或发生了错误

　　D. 若由 fp 指定的文件不存在，则返回 0 值

2. 编程题

一条学生的记录包括学号、姓名和成绩等信息。

（1）格式化输入多个学生记录。

（2）利用 fwrite 将学生信息按二进制方式写到文件中。

（3）利用 fread 从文件中读出成绩并求平均值。

（4）对文件中按成绩排序，将成绩单写入文本文件中。

附录 A　常用字符与 ASCII 代码对照表

ASCII值	字符	控制字符	ASCII值	字符	ASCII值	字符	ASCII值	字符	ASCII值	字符	ASCII值	字符	ASCII值	字符	ASCII值	字符
000	null	NUL	032	(space)	064	@	096	'	128	Ç	160	á	192	└	224	α
001	☺	SOH	033	!	065	A	097	a	129	Ü	161	í	193	┴	225	β
002	☻	STX	034	"	066	B	098	b	130	é	162	ó	194	┬	226	Γ
003	♥	ETX	035	#	067	C	099	c	131	â	163	ú	195	├	227	π
004	♦	EOT	036	$	068	D	100	d	132	ä	164	ñ	196	─	228	Σ
005	♣	END	037	%	069	E	101	e	133	à	165	Ñ	197	†	229	σ
006	♠	ACK	038	&	070	F	102	f	134	å	166	a	198	╞	230	μ
007	beep	BEL	039	'	071	G	103	g	135	ç	167	o	199	╟	231	τ
008	backspace	BS	040	(	072	H	104	h	136	ê	168	¿	200	╚	232	Φ
009	tab	HT	041	)	073	I	105	i	137	ë	169	⌐	201	╔	233	θ
010	换行	LF	042	*	074	J	106	j	138	è	170	¬	202	╩	234	Ω
011	♂	VT	043	+	075	K	107	k	139	ï	171	½	203	╦	235	δ
012	♀	FF	044	,	076	L	108	l	140	î	172	¼	204	╠	236	∞
013	回车	CR	045	-	077	M	109	m	141	ì	173	¡	205	═	237	ø
014	♫	SO	046	.	078	N	110	n	142	Ä	174	«	206	╬	238	ε
015	☼	SI	047	/	079	O	111	o	143	Å	175	»	207	╧	239	∩
016	►	DLE	048	0	080	P	112	p	144	É	176	░	208	╨	240	≡
017	◄	DC1	049	1	081	Q	113	q	145	æ	177	▒	209	╤	241	±
018	↕	DC2	050	2	082	R	114	r	146	Æ	178	▓	210	╥	242	≥
019	‼	DC3	051	3	083	S	115	s	147	ô	179	│	211	╙	243	≤
020	¶	DC4	052	4	084	T	116	t	148	ö	180	┤	212	╘	244	⌠
021	§	NAK	053	5	085	U	117	u	149	ò	181	╡	213	╒	245	⌡
022	▬	SYN	054	6	086	V	118	v	150	û	182	╢	214	╓	246	÷
023	↨	ETB	055	7	087	W	119	w	151	ù	183	╖	215	╫	247	≈
024	↑	CAN	056	8	088	X	120	x	152	ÿ	184	╕	216	╪	248	°
025	↓	EM	057	9	089	Y	121	y	153	Ö	185	╣	217	┘	249	•
026	→	SUB	058	:	090	Z	122	z	154	Ü	186	║	218	┌	250	·
027	←	ESC	059	;	091	[	123	{	155	¢	187	╗	219	█	251	√
028	∟	FS	060	<	092	\	124	¦	156	£	188	╝	220	▄	252	ⁿ
029	↔	GS	061	=	093	]	125	}	157	¥	189	╜	221	▌	253	²
030	▲	RS	062	>	094	^	126	~	158	Pt	190	╛	222	▐	254	■
031	▼	US	063	?	095	_	127	⌂	159	ƒ	191	┐	223	▀	255	Blank 'FF'

注　128～255 是 IBM-PC（长城 0520）上专用的，表中 000～127 是标准的。

附录 B　运算符的优先级和结合性

优先级	运算符	运算符功能	运算类型	结合方向
最高 15	::	域运算符		自左至右
	()	圆括号、函数参数表		
	[ ]	数组元素下标		
	—>	指向结构体成员		
	.	结构体成员		
14	!	逻辑非	单目运算	自右至左
	~	按位取反		
	++、--	自增 1、自减 1		
	+	求正		
	-	求负		
	*	间接运算符		
	&	求地址运算符		
	（类型名）	强制类型转换		
	sizeof	求所占字节数		
13	*、/、%	乘、除、整数求余	双目运算符	自左至右
12	+、-	加、减	双目运算符	自左至右
11	<<、>>	左移、右移	移位运算	自左至右
10	<、<=	小于、小于或等于	关系运算	自左至右
	>、>=	大于、大于或等于		
9	==、!=	等于、不等于	关系运算	自左至右
8	&	按位与	位运算	自左至右
7	^	按位异或	位运算	自左至右
6	|	按位或	位运算	自左至右
5	&&	逻辑与	逻辑运算	自左至右
4	||	逻辑或	逻辑运算	自左至右
3	?:	条件运算	三目运算	自右至左
2	=、+=、—=、*= /=、%=、&=、^= |=、<<=、>>=	赋值、运算且赋值	双目运算	自右至左
最低 1	,	逗号运算	顺序运算	自左至右

附录 C　Turboc 2.0 常用库函数

Turbo C 2.0 提供了 400 多个库函数，本附录仅列出了最基本的一些函数，大家如有需要，请查阅有关手册。

1. 数学函数

调用数学函数时，要求在源文件中包含头文件"math.h"，即使用以下命令行：

`#include <math.h>`或 include "math.h"

函数名	函数原型说明	功　　能	返回值	说　　明
abs	Int abs（int x）；	求整数 x 的绝对值	计算结果	
acos	double acos（double x）；	计算 $\cos^{-1}(x)$ 的值	计算结果	x 在-1～1 范围内
asin	double asin（double x）；	计算 $\sin^{-1}(x)$ 的值	计算结果	x 在-1～1 范围内
atan	double atan（double x）；	计算 $\tan^{-1}(x)$ 的值	计算结果	
atan2	double atan2（double x）；	计算 $\tan^{-1}(x/y)$ 的值	计算结果	
cos	double cos（double x）；	计算 $\cos(x)$ 的值	计算结果	x 的单位为弧度
cosh	double cosh（double x）；	计算双曲余弦 cosh（x）的值	计算结果	
exp	double exp（double x）；	计算 e^x 的值	计算结果	
fabs	double fabs（double x）；	求 x 的绝对值	计算结果	
floor	double floor（double x）；	求不大于 x 最大整数	该整数的双精度数	
fmod	Double fmod（double x，double y）；	求整除 x/y 的余数	余数的双精度数	
frexp	Double frexp（double val，int*eptr）；	把双精度数 val 分解尾数 x 和以 2 为底的指数 n，即 val=x*2ⁿ，n 存放在 eptr 所指向的变量中	返回尾数 x $0.5 \le x < 1$	
log	double log（double x）；	求 $\log_e x$，即 ln x	计算结果	
log10	double log10（double x）；	求 $\log_{10} x$	计算结果	
modf	double modf（double val，double *iptr）；	把双精度数 val 分解成整数部分和小数部分，整数部分存放在 iptr 所指的单元	Val 的小数部分	
pow	Double pow（double x，double y）；	计算 x^y 的值	计算结果	
rand	Int rand（void）	产生-90～32767 间的随机整数	随机整数	
sin	double sin（double x）；	计算 sin（x）的值	计算结果	x 的单位为弧度
sinh	double sinh（double x）；	计算 x 的双曲正弦函数 sinh（x）的值	计算结果	
sqrt	double sqrt（double x）；	计算 x 的平方根	计算结果	$x \ge 0$
tan	double tan（double x）；	计算 tan（x）的值	计算结果	x 的单位为弧度
tanh	double tanh	计算 x 的双曲正切函数 tanh（x）的值	计算结果	

2. 字符函数和字符串函数

调用字符函数时，要求在源文件中包含头文件"ctype.h"；调用字符串函数时，要求在源文件中包含头文件"string.h"。

函数名	函数原型说明	功　　能	返回值	包含文件
isalnum	int isalnum（int ch）;	检查 ch 是否为字母或数字	是，返回 1；否则返回 0	ctype.h
isalpha	int isalpha（int ch）;	检查 ch 是否为字母	是，返回 1；否则返回 0	ctype.h
iscntrl	int iscntrl（int ch）;	检查 ch 是否为控制字符	是，返回 1；否则返回 0	ctype.h
isdigit	int isdigit（int ch）;	检查 ch 是否为数字	是，返回 1；否则返回 0	ctype.h
isgraph	int isgraph（int ch）;	检查 ch 是否为（ASCII 码值在 ox21 到 ox7e)的可打印字符（即不包含空格字符）	是，返回 1；否则返回 0	ctype.h
islower	int islower（int ch）;	检查 ch 是否为小写字母	是，返回 1；否则返回 0	ctype.h
isprint	int isprint（int ch）;	检查 ch 是否为字母或数字	是，返回 1；否则返回 0	ctype.h
ispunct	int ispunct（int ch）;	检查 ch 是否为标点字符（包括空格），即除字母、数字和空格以外的所有可打印字符	是，返回 1；否则返回 0	ctype.h
isspace	int isspace（int ch）;	检查 ch 是否为空格、制表或换行字符	是，返回 1；否则返回 0	ctype.h
isupper	int isupper（int ch）;	检查 ch 是否为大写字母	是，返回 1；否则返回 0	ctype.h
isxdigit	int isxdigit（int ch）;	检查 ch 是否为 16 进制数字	是，返回 1；否则返回 0	ctype.h
strcat	char *strcat(char *s1,char *s2);	把字符串 s2 接到 s1 后面	s1 所指地址	string.h
strchr	char *strchr（char *s, int ch）;	在 s 把指字符串中，找出第一次出现字符 ch 的位置	返回找到的字符的地址，找不到返回 NULL	string.h
strcmp	char *strcmp（char *s1, char *s2）;	对 s1 和 s2 所指字符串进行比较	s1<s2，返回负数，s1=s2，返回 0，s1>s2，返回正数。	string.h
strcpy	char *strcpy（char *s1, char *s2）;	把 s2 指向的串复制到 s1 指向的空间	s1 所指地址	string.h
strlen	unsigned strlen（char *s）;	求字符串 s 的长度	返回串中字符（不计最后的'\0'）个数	string.h
strstr	char *strstr(char *s1,char *s2);	在 s1 所指字符串中，找到字符串 s2 第一次出现的位置	返回找到的字符串的地址，找不到返回 NULL	string.h
tolower	int tolower（int ch）;	把 ch 中的字母转换成小写字母	返回对应的小写字母	ctype.h
toupper	int toupper（int ch）;	把 ch 中的字母转换成大写字母	返回对应的大写字母	

3. 输入/输出函数

调用输入/输出函数时，要求在源文件中包含头文件"stdio.h"。

函数名	函数原型说明	功能	返回值	说明
clearerr	void clearer（FILE * fp）;	清除与文件指针 fp 有关的所有出错信息	无	
close	int close（int fp）;	关闭文件	关闭成功返回 0,不成功返回-1	非 ANSI 标准函数
creat	int creat（char * filename, int mode）;	以 mode 所指定的方式建立文件	成功则返回正数,否则返回-1	非 ANSI 标准函数
eof	Inteof（int fd）;	检查文件是否结束	遇文件结束,返回 1;否则返回 0	非 ANSI 标准函数
fclose	int fclose（FILE * fp）;	关闭 fp 所指的文件,释放文件缓冲区	出错返回非 0,否则返回 0	
feof	int feof（FILE * fp）;	检查文件是否结束	遇文件结束返回非 0,否则返回 0	
fgetc	int fgetc（FILE * fp）;	从 fp 所指的文件中取得下一个字符	出错返回 EOF,否则返回所读字符	
fgets	char * fgets（char * buf, int n, file * fp）;	从 fp 所指的文件中读取一个长度为 n - 1 的字符串,将其存入 buf 所指存储区	返回 buf 所指地址,若遇文件结束或出错返回 NULL	
fopen	FILE * fopen（char * filename, char * mode）;	以 mode 指定的方式打开名为 filename 的文件	成功,返回文件指针（文件信息区的起始地址）,否则返回 NULL	
fprintf	int fprintf（FILE * fp, char * format, args, …）;	把 arg,…的值以 format 指定的格式输出到 fp 所指定的文件中	实际输出的字符数	
fputc	int fputc（char ch, FILE * fp）;	把 ch 中字符输出到 fp 所指文件	成功返回该字符,否则返回 EOF	
fputs	int fputs（char * str, FILE * fp）;	把 str 所指字符串输出到 fp 所指文件	成功返回非 0,否则返回 0	
fread	int fread（char * pt, unsigned size, unsigned n, FILE * fp）;	从 fg 所指文件中读取长度为 size 的 n 个数据存到 pt 所指文件中	读取的数据项个数	
fscanf	int fscanf（FILE * fp, char * format, args, …）;	从 fg 所指定的文件中按 format 指定的格式把输入数据存入到 args, …所指的内存中	已输入的数据个数,遇文件的结束或出错返回 0	
fseek	int fseek（FILE * fp, long offer, int base）;	移动 fp 所指文件的位置指针	成功返回当前位置,否则返回-1	
ftell	int ftell（FILE * fp）;	求出 fp 所指文件当前的读写位置	读写位置	
fwrite	int fwrite（char * pt, unsigned size, unsigned n, FILE * fp）;	把 pt 所指向的 n * size 个字节输出到 fp 所指文件中	输出的数据项个数	
getc	int getc（FILE * fp）;	从 fp 所指文件中读取一个字符	返回所读字符,若出错或文件结束返回 EOF	
getchar	int getchar（void）;	从标准输入设备读取下一个字符	返回所读字符,若出错或文件结束返回-1	
getw	int getw（FILE * fp）;	从 fp 所指向的文件读取下一个字（整数）	输入的整数。如文件结束或出错,返回-1	非 ANSI 标准函数
open	Int open（char * filename, int mode）;	以 mode 指出的方式打开已存在的名为 filename 的文件	返回文件号（正数）。如打开失败,返回-1	非 ANSI 标准函数

续表

函数名	函数原型说明	功能	返回值	说明
printf	int printf（char * format, args, …）;	按 format 指向的格式字符串所规定的格式，将输出表列 args 的值输出到标准输出设备	输出字符个数。若出错，返回负值	format 可以是一个字符串，或字符数组的起始地址
putc	int putc（int ch，FILE * fp）;	同 fputc	同 fputc	
putcahr	int putcahr（char ch）;	把 ch 输出到标准输出设备	返回输出的字符，若出错，返回 EOF	
puts	int puts（char * str）;	把 str 所指字符串输出到标准设备，将 '\0' 转换成回车换行符	返回换行符，若出错，返回 EOF	
putw	int putw（int w，FILE * fp）;	将一个整数 w（即一个字）写到 fp 指向的文件中	返回输出的整数；若出错，返回 EOF	非 ANSI 标准函数
read	int read（int fp，char * buf，unsigned count）;	从文件号 fp 所指示的文件中读 count 个字节到由 buf 指示的缓冲区中	返回真正读入的字节个数。如遇文件结束返回 0，出错返回-1	非 ANSI 标准函数
rename	int rename(char * oldname, char * newname）;	把 oldname 所指文件名改为 newname 所指文件名	成功返回 0，出错返回-1	
rewind	void rewind（FILE * fg）;	将 fp 指示的文件位置指针置于文件开头，并清除文件结束标志和错误标志	无	
scanf	int scanf（char * format, args，…）;	从标准输入设备按 format 指定的格式把输入数据存入到 args，… 所指的内存中	读入并赋给 args 的数据个数。遇文件结束返回 EOF，出错返回 0	args 为指针
write	int write（int fd，char * buf，unsigned count）;	从 buf 指示的缓冲区输出 count 个字符到 fd 所标志的文件中	返回实际输出的字节数。如出错返回-1	非 ANSI 标准函数

4. 动态分配函数和随机函数

调用动态分配函数和随机函数时，要求在源文件中包含头文件"stdlib.h"。

函数名	函数原型说明	功能	返回值
calloc	void * calloc（unsigned n, unsigned size）;	分配 n 个数据项的内存空间，每个数据项的大小为 size 个字节	分配内存单元的起始地址；如不成功，返回 0
free	void free（void p）;	释放 p 所指的内存区	无
malloc	void * malloc（unsigned size）;	分配 size 个字节的存储空间	分配内存空间的地址；如不成功返回 0
realloc	void * realloc（void * p, unsigned size）;	把 p 所指内存区的大小改为 size 个字节	新分配内存空间的地址；如不成功返回 0
rand	int rand（void）;	产生 0 到 32767 随机数	返回一个随机整数

附录 D　C 语言的 32 个关键字意义与用法

1. auto

声明自动变量。可以显式的声明变量为自动变量，只要不是声明在所有函数文前的变量，即使没有加 auto 关键字，也默认为自动变量。并且只在声明它的函数内有效。而且当使用完毕后，它的值会自动还原为最初所赋的值。自动变量使用时要先赋值，因为其中包含的是未知的值。例：

```
auto int name=1;
```

2. static

声明静态变量。可以显式的声明量为静态变量。也为局部变量。只在声明它的函数内有效。它的生命周期从程序开始起一直到程序结束。而且即使使用完毕后，它的值仍不还原。即使没有给静态变量赋值，它也会自动初始化为 0，例：

```
static int name=1;
```

3. extern

声明全局变量。用时声明在 main 函数之前的变量也叫全局变量。它可以在程序任何地方使用。程序运行期间它一直存在的。全局变量也会初始化为 0，例：

```
extern int name;
```

4. register

声明为寄存器变量。也为局部变量，只在声明它的函数内有效。它是保存寄存器中的，速度要快很多。对于需要频繁使用的变量，使用它来声明会提高程序运行速度。例：

```
Register int name=1;
```

5. int

声明量的类型。int 为整数型。注意在 16 位和 32 位系统中它的范围是不用的。16 位中占用 2 字节；32 位中占用 4 字节。还可以显式的声明为无符号或有符号：unsigned int signed int. 有符号和无符号的区别就是把符号也当作数字位来存储；也可以用 short 和 long 来声明为短整型或长整行。例：

```
Int mum;
```

6. float

声明变量的类型。float 浮点型，也叫实型。它的范围固定为 4 个字节。其中 6 位小数位，其他为整数位。例：

```
Float name;
```

7. double

声明为双精度类型。它的范围为 8 字节，14 位为小数位。也可使用更高精度的 long double. 它的范围则更大，达到 10 字节。例：

```
Double name;
```

8. struct

声明结构体类型。结构体可以包含各种不类型的量。比如可以把整型，字符型等类型的变量声明在同一个结构体种，使用的时候使用结构体变量直接可以调用。例：

```
struct some{
int a=1;
float b=1.1
double=1.1234567
}KKK;
```

这样就可以使用 KKK.a 来使结构体中的成员变量了。也可以显式的用 struct some aaa，bbb；来声明多个结构变量。

9. char

用来定义为字符型变量。它的范围通常为 1 字节。它在内存中是以 ASCII 码来表示运算。也可使用无符号或有符号来定义。signed char unsigned char.例：

```
char C;
```

10. break

用来表示中断。一般用来循环中判断是否满足条件然后中断当前循环。例：`break;`

11. continue

用来表示跳过其后面的语句，继续下一次循环。例：`continue;`

12. long

声明长型的类型。例：`long int long double`

13. if

判断语句，用来判断语句是否满足条件，例：

```
if(a==b)
  k=n;
```

14. switch

条件选择语句，常用来判断用户选择的条件来执行特定语句。例：

```
switch(name)
{
case ok:
printf("yes,ok!\n");
break;
case no:
printf("oh,no!\n")
default:
printf("error..!")
break;
}
```

15. case

配合 switch 一起使用，例子同上。

16. enum

用来声明枚举变量，例：

```
enum day{one,two,three,four,five,six,seven};
```

17. typedef
类型重定义，可以重定义类型，例：

```
typedef unsigned int u_int;       //将无符号整数定义为 u_int.
```

18. return
返回语句。可以返回一个值。当我们定义一个函数为有返回值的时候则必须返回一个值。

19. union
定义联共体。用法与 struct 相同。不同的是共同的是共用体所有成员共享存储空间，例：

```
union kkk{
int a;
float b;
}kka;
```

20. const
定义为常量，例：

```
const int a;                      //变量 a 的值不能被改变
```

21. unsigned
定义为无符号的变量，默认变量都为有符号的，除非显示的声明为 unsigned 的。

22. for
循环语句。可以指定程序循环多少次，例：

```
for(int i=0;i<5;i++)
{
printf("程序将输出 5 次这段话!\n");
}
```

23. signed
将变量声明为有符号型，默认变量就为 signed 型。一般可省略。

24. void
空间型，一般用于声明函数为无返回值或无参数。

25. default
用于在 switch 语句中。定义默认的处理，用法见 switch。

26. goto
无条件循环语句，例：

```
int i=1;
w_go:i++;
if(i<5)
goto w_go
else
printf("%d&\n",i);
```

27. sizeof
用来获取变量的存储空间大小，例：

```
int a,b;
```

```
b=sizeof(a);
```

28. do

一与 while 语句配合使用，构成的形式如：do … while；例见 while 语句。

29. while

循环控制语句。只要表达式为真就一直循环，例：

```
int a=1;
while(a<10)
printf("a=%d\n",a++);
```

30. else

常用来配合 if 一起使用，例：

```
if(a==b)
  k=n;
else
  k=s;
```

31. short

用于声明一个短整型变量；例：

```
short int a;
```

32. volatile

将变量声明为可变的。用法 volatile int a;用 volatile 关键字定义变量，相当于告诉编译器，这个变量的值会随时发生变化，每次使用时都需要去内存里重新读取它的值，并不要随意针对它作优化。

参 考 文 献

[1] 李敏，刘婷，陈双. C语言程序设计. 2版. 北京：机械工业出版社，2009.

[2] 赵克林，等. C语言实例教程. 北京：人民邮电出版社，2007.

[3] 宋广军，景富文. C语言程序设计. 3版. 大连：大连理工大学出版社，2002.

[4] 郭运宏，李玉梅. C语言程序设计项目教程. 北京：清华大学出版社，2012.

[5] 王道平，何海燕. C语言程序设计. 天津：天津大学出版社，1996.